Erfolgreicher Mathematikunterricht durch Kooperatives Lernen

Kompetenzorientiert und schüleraktivierend

Ingrun Behnke

Erfolgreicher Mathematikunterricht durch Kooperatives Lernen
Kompetenzorientiert und schüleraktivierend

Autorin: Ingrun Behnke

Illustrationen: Eva Hlozanek

Grafik: Bernd Speckin, Mülheim a. d. Ruhr

Lektorat: Anja Heifel, Michael Fink

Neue Deutsche Schule Verlagsgesellschaft mbH
Nünningstraße 11
45141 Essen
Fon 0201 2940306
Fax 0201 2940314
mail: info@nds-verlag.de
www.nds-verlag.de

ISBN 978-3-87964-317-2

Inhalt

1. GRUNDLAGEN DES KOOPERATIVEN LERNENS 8

1.1 Neurobiologie und Konstruktivismus 8

1.2 Konsequenzen für den Unterricht 9

2. DIE BASISELEMENTE DES KOOPERATIVEN LERNENS UND IHRE UMSETZUNG IM MATHEMATIKUNTERRICHT 10

Praxisexkurs Kooperative Karten 11

2.1 Individuelle Verantwortung 24

2.2 Positive Abhängigkeit 25

2.3 Unterstützende Interaktion 31

2.4 Soziale Kompetenzen 37

2.5 Reflexion und Evaluation 39

3. DAS GRUNDPRINZIP DES KOOPERATIVEN LERNENS 43

3.1 Vereinbarungen für die unterrichtliche Umsetzung 44

3.2 Beispiele aus dem Unterricht 47

4. KOOPERATIVE LERNARRANGEMENTS 51

4.1 Partnerarbeit 52

- 4.1.1 Doppelkreis 54
- 4.1.2 Partner-Check 55
- 4.1.3 Partner-Interview 56

4.2 Lerntempoduett 62

4.3 Gruppenturnier 76

4.4 Partnerpuzzle 92

4.5 Gruppenpuzzle 96

4.6 Struktur-Lege-Techniken 102

- 4.6.1 Sortieraufgabe 102
- 4.6.2 Strukturnetz 104
- 4.6.3 Concept Map 106

5. REFLEXION, EVALUATION UND BEWERTUNG 113

5.1 Erweiterter ganzheitlicher Lernbegriff 113

5.2 Skalierte Raster und Bögen 114

5.3 Bewertungssituationen im Kooperativen Lernen 115

5.4 Skalierte Raster im kooperativen Unterricht 116

5.4.1 Einzelarbeit 116

5.4.2 Kooperation 117

5.4.3 Partnerarbeit 119

5.4.4 Gruppenarbeit 119

5.4.5 Produkte/Ergebnisse 120

5.4.6 Präsentation 121

5.5 Unterrichtliche Umsetzung einer neuen Leistungsbewertung 123

6 Lösungsvorschläge 151

7 Stichwortregister (Index) 157

8 Literaturhinweise 160

VORWORT

Das Kooperative Lernen hält immer mehr Einzug in den Unterrichtsalltag. Im Zuge einer vermehrten Anwendung und Umsetzung des Kooperativen Lernens an den Schulen ist es naheliegend die fachliche Umsetzung des Konzeptes gezielt in den Blick zu nehmen. Dies erfolgt mit diesem Band für den Mathematikunterricht.

Unser technisch bestimmter Alltag wird immer mehr von Mathematik durchdrungen. Ohne Mathematik sind beispielsweise Handy und Internet nicht denkbar. Aber auch die gesellschaftliche Teilhabe am Austausch von Informationen, die uns vielfach als Tabellen, Grafiken oder Statistiken gegenübertreten, ist nur mit mathematischen Kenntnissen möglich. So bekommt die Fähigkeit über mathematische Aspekte in angemessener Weise miteinander kommunizieren zu können zunehmende Bedeutung.

„Die Konsequenz aus diesen (...) Erkenntnissen ist: Ein allgemeinbildender Mathematikunterricht muss diese sozialen Aspekte von Mathematik in seinen Inhalten und in seiner Gestaltung ernst nehmen. Er ist dabei mindestens ebenso den sozialen Prozessen, der Einübung in Kooperation und sozialer Verantwortung wie den fachlichen Inhalten verpflichtet.“[1]

Viele mathematische Tätigkeiten im Unterricht setzen den sozialen Austausch voraus. Der Erwerb fachlicher, sozialer und personaler Kompetenzen ist unabdingbar, um die prozessbezogenen Kompetenzen im Mathematikunterricht erreichen und umsetzen zu können:

- *Informationen aus mathematikhaltigen Darstellungen (Text, Bild, Tabelle) entnehmen und mit eigenen Worten wiedergeben* und dabei die Qualität und die dahinter liegenden Absichten der Darstellung kritisch hinterfragen.
- *Über eigene und vorgegebene Lösungswege, Ergebnisse und Darstellungen sprechen; Fehler finden, erklären und korrigieren und dabei schlüssig argumentieren*, konstruktiv mit Meinungsunterschieden und mit fremden bzw. eigenen Fehlern umgehen.
- *Die Arbeitsschritte bei mathematischen Verfahren (Konstruktionen, Rechenverfahren, Algorithmen) mit eigenen Worten und geeigneten Fachbegriffen erläutern* und aus den Strategien anderer lernen und das eigene Repertoire erweitern.
- *Lösungswege und Problembearbeitungen in kurzen, vorbereiteten Beiträgen und Vorträgen präsentieren* und sich dabei selbstständig und angemessen organisieren.

Das Kooperative Lernen bietet ausgezeichnete Möglichkeiten dies im eigenen Unterricht zu erreichen. Aufbauend auf einer kurzen Einführung in die Grundlagen des Kooperativen Lernens, werden im zweiten Kapitel die Gelingensbedingungen von kooperativem Unterricht – die sogenannten Basiselemente des Kooperativen Lernens und ihre Umsetzung im Unterricht – vorgestellt. Diese Bedingungen, unter denen Kooperatives Lernen erfolgreich ist, wurden von den Unterrichtsforschern David und Roger Johnson in einer Vielzahl empirischer Untersuchungen herausgearbeitet und formuliert.[2] Die fünf Basiselemente werden als zentraler Bestandteil des Kooperativen Lernens allen weiteren Ausführungen vorangestellt. Das praxisbezogene Bindeglied dieses Kapitels ist die Arbeit mit den Kooperativen Karten – ein Lernarrangement, das ich speziell für den kooperativen Mathematikunterricht entwickelt habe.

Das dritte Kapitel ist dem Grundprinzip des Kooperativen Lernens gewidmet: dem Dreischritt Denken – Austauschen – Vorstellen. Der Unterrichtsablauf wird durch den Dreischritt strukturiert: Schülerinnen und Schüler erfinden und entdecken Mathematik auf individuellen Lernwegen („Ich mache es so ...“), vergleichen diese Wege miteinander und erkunden sie gemeinsam weiter („Wie hast du es gemacht?“), um sie schließlich zusammenzuführen und vorzustellen („So haben wir es gemacht!“).

[1] Leuders, Timo: Mit Aufgaben Kommunikation und Kooperation im Mathematikunterricht fördern – fachliches und soziales Lernen miteinander verbinden (SINUS-Modul 8), S. 2. Stand: 15.6.2006.
Zitiert nach: http://sinus-transfer.uni-bayreuth.de/fileadmin/MaterialienBT/Leuders_Kooperatives_Lernen.pdf

[2] Johnson, David W./Johnson, Roger T. 1999: Learning Together and Alone: Cooperative, Competitive, and Individualistic Learning. 5. Auflage Boston u.a. (USA): Allyn and Bacon.

Erarbeiten, Üben und Wiederholen sowie Systematisieren und Sichern sind zentrale Elemente des Mathematikunterrichts. Das vierte Kapitel stellt kooperative Lernarrangements vor, die in solchen Unterrichtsphasen besonders gut eingesetzt werden können. Dabei können die Lernarrangements zum größten Teil bereits in der Anfangsphase des Kooperativen Lernens eingesetzt werden. Darüber hinaus werden aber auch solche für fortgeschrittene Lerngruppen vorgestellt. Diese Beispiele stammen aus unterschiedlichen Jahrgangsstufen und berücksichtigen verschiedene Teilgebiete der Mathematik.

Ein erweiterter Lernbegriff erfordert einen erweiterten Leistungsbegriff. Eine neue Art des Unterrichtens erfordert eine neue Vorgehensweise beim Beurteilen und Bewerten. Das letzte Kapitel zeigt, wie Reflexion, Beurteilung und Bewertung mit Hilfe von skalierten Rastern und Bögen in verschiedenen Lern- und Leistungs-Situationen gelingen können. Es folgen dann praxiserprobte Ideen für die unterrichtliche Umsetzung einer neuen Leistungsbewertung im Mathematikunterricht.

Ich wünsche Ihnen viel Erfolg und viel Freude bei der Umsetzung des Kooperativen Lernens im Mathematikunterricht.

Ingrun Behnke

Mein besonderer Dank gilt Lisa Burmeister für Anregung und Unterstützung im Rahmen vieler gemeinsamer Moderationsaktivitäten sowie Angelika Boehn-Hilden, Christina Kolivopoulos und Johanna Magiera-Rammert für ihre kollegiale Unterstützung.

Gewidmet ist dieses Buch Norm und Kathy Green, ohne deren Einsatz und Engagement das Kooperative Lernen in Deutschland keine solche Ausbreitung und Anerkennung erfahren hätte.

1. Grundlagen des Kooperativen Lernens

1.1 Neurobiologie und Konstruktivismus

In den letzten zwanzig Jahren hat sich das Wissen über neurophysiologische Prozesse und ihre psychischen Entsprechungen mit Hilfe der Gehirnforschung vervielfacht. Im Zusammenhang damit wurden auch lerntheoretische Erkenntnisse erweitert und verfeinert. Einige davon stehen in unmittelbarem Zusammenhang mit dem (Kooperativen) Lernen.

Unterrichten wurde lange Zeit mit dem Bau einer Mauer verglichen, das schrittweise, Stein um Stein erfolgt. Lernen ist jedoch eher vergleichbar mit dem Knüpfen eines Netzes. Zwischen zwei Punkten wird ein Faden gespannt, dann kommen weitere Verknüpfungen hinzu. Das Netz wird beim Knüpfen (Lernen) nicht überall gleichzeitig begonnen und kann nicht sofort gleichmäßig aufgebaut werden. An einzelnen Stellen kann das Netz besonders dicht sein, aber es kann auch für längere Zeit Lücken aufweisen, die jedoch jederzeit mit neuen Fäden geschlossen werden können. In diesem Bild des Netzes ist die Grundidee konstruktivistischer Lerntheorien enthalten.

Aktuelle neurobiologische Erkenntnisse bestätigen die Thesen der konstruktivistischen Lerntheorie.[3] Lernen wird danach als „ein vom Gehirn gesteuerter Selbstgestaltungsprozess" verstanden, der über das Bilden von Hypothesen und deren Bestätigung oder Ablehnung mithilfe von Wahrnehmung abläuft. Zu den wichtigsten Wahrnehmungen gehören soziale Signale.

An jedem Lernvorgang ist das Belohnungssystem des Gehirns - zum Beispiel über die Ausschüttung von Dopamin - beteiligt. Besonders stark reagiert es auf positive Sozialkontakte wie Anerkennung, Lob oder ähnliches. Insbesondere Emotionen, ihre Bewertung und die bewusste Vernetzung der Sinneseindrücke beeinflussen die Verarbeitungstiefe von Informationen und damit ihre Verankerung im Gehirn. Dies gilt sowohl für positive als auch für negative Emotionen. Das Auftreten von negativen Gefühlen beim Lernen kann allerdings beim Abrufen der entsprechenden Informationen zu Schwierigkeiten führen. Eine tiefe und nachhaltige Verarbeitung setzt neben möglichst positiven Emotionen umfangreiche und anspruchsvolle mentale Prozesse voraus.

[3] vgl.: Das Mathematikbuch 7, Begleitband, Ausgabe N, Stuttgart 2010, S. 9 ff.

Wichtig ist: Lernprozesse laufen individuell im Innern jedes Einzelnen ab. Jeder Mensch knüpft sein eigenes, persönliches „Denk-Netz", ein Wissenstransfer zwischen Gehirnen funktioniert nicht. Jeder einzelne knüpft neues Wissen an seine bisherigen Erfahrungen und sein individuelles Vorwissen. Abschließend bleibt festzuhalten: Lernen ist das Wahrnehmen von Gelegenheiten, persönliche Denk-Netze weiter auszubauen und Lücken im Netz zu schließen.

Doch obwohl Lernen ein sehr individueller Prozess ist, ist gemeinschaftliches Lernen besonders wichtig. Das Individuum lernt nämlich dann besonders effektiv, wenn es seine Ideen mit anderen austauscht, sich von anderen anregen lässt und auch selbst Denkanstöße gibt. Lernen ist immer auch ein Lernen von und mit anderen: Durch Kommunikation mit anderen, die sogenannte Ko-Konstruktion, werden die individuellen Verknüpfungen erweitert und bereichert.

1.2 Konsequenzen für den Unterricht

Folgende unterrichtsrelevante Schlussfolgerungen können aus dem konstruktivistischen Ansatz gezogen werden:

- Das Lerngeschehen wird aktiv und selbständig durch den Lernenden gesteuert.
- Lernprozesse werden durch eine entsprechende Lernumgebung ausgelöst und optimiert.
- Aufgabenstellungen sollen problemorientiert sein. Entsprechende Aufgabenstellungen weisen eine „Lücke" zwischen Ausgangs- und Zielzustand auf, sie stellen somit für Schülerinnen und Schüler eine Hürde dar, die es zu überwinden gilt.
- Der Lernende muss eine eigenständige Konstruktions- und Reflexionsleistung erbringen.
- Der Transfer- und Anwendungsbezug muss gegeben sein.

Auch die Neurobiologie[4] liefert wichtige Erkenntnisse über das Lernen, die in der Schule berücksichtigt werden sollten:

- Jede Lernsituation verändert die neuronalen Netze. Gelernt werden kann nur, was mit dem bereits vorhandenen Wissen zu erschließen ist. Dabei wird das vorhandene Wissen modifiziert, d. h. erweitert, umstrukturiert und sogar teilweise gelöscht. Das vorhandene Wissen umfasst natürlich auch die Strategien, die weiteres Lernverhalten steuern. Lernen modifiziert auch diese Strategien.
- Jeder Lernende bestimmt selbst, was und wie er lernt. Er entscheidet oftmals unbewusst aufgrund von Erfahrungen, Wertungen und Gefühlen.
- Bewusstes Lernen findet selbstorganisiert und eigenverantwortlich statt. Wichtig ist dabei die Selbstevaluation: Macht Lernen Sinn? Wann macht Lernen Spaß? Wann führt Lernen zum Erfolg?
- Soziale Interaktionen sind für das Lernen entscheidend. Die stärkste Motivation ist dabei das Gefühl, verstanden zu werden.

Daraus ergeben sich folgende Konsequenzen für den Unterricht:

- Lernende sollten im Unterricht entsprechend angeleitet und unterstützt werden, um erfahren zu können, dass sie für ihr Lernen selbst verantwortlich sind.
- Der Unterricht sollte so angelegt werden, dass die Lernenden sich ihres Lernens und insbesondere ihrer Lernstrategien bewusst werden. Zum Unterricht sollte somit immer die Reflexion darüber, was, wozu und wie gelernt wird, gehören.
- Bei der Unterrichtsplanung sollte berücksichtigt werden, dass Lernen ein sozialer Prozess ist, in dem man durch vielfältige Auseinandersetzung mit anderen Lernenden Wissen und Kompetenzen erwirbt.

[4] vgl. insbesondere: Spitzer, Manfred: Lernen, Gehirnforschung und die Schule des Lebens, Heidelberg 2002

2. Die Basiselemente des Kooperativen Lernens und ihre Umsetzung im Mathematikunterricht

Die Gelingensbedingungen des Kooperativen Lernens sind: Individuelle Verantwortung, Positive Abhängigkeit, Unterstützende Interaktion, Soziale Kompetenzen sowie Reflexion und Evaluation.[5] Natürlich können kooperative Lernarrangements im Unterricht eingesetzt werden, ohne die fünf Basiselemente in den Blick zu nehmen. Sein volles Potential kann das Kooperative Lernen dann jedoch nicht entfalten. Die Grafik verdeutlicht, dass die einzelnen Basiselemente einander bedingen.

[5] Johnson, David W./Johnson, Roger T. 1999: Learning Together and Alone: Cooperative, Competitive, and Individualistic Learning. 5. Auflage Boston u. a. (USA): Allyn and Bacon.

Johnson, David W./Johnson, Roger T. 2008: Wie kooperatives Lernen funktioniert. Über die Elemente einer pädagogischen Erfolgsgeschichte. In: Friedrich Jahresheft XXVI 2008. Individuell lernen – Kooperativ arbeiten, S.16–20. Seelze: Friedrich.

Praxis-Exkurs: Kooperative Karten

In den folgenden Unterkapiteln werden die fünf Basiselemente näher erläutert und ihre Umsetzung im Mathematikunterricht anschaulich gemacht. Hierzu dient die Methode der Kooperativen Karten.

Die Idee dafür entstand, als ich in der Literatur auf ein sogenanntes Schnipselspiel gestoßen bin. Dieses Spiel wird jeweils in einzelnen Gruppen gespielt. Dabei werden einzelne Informationen einer Textaufgabe jeweils auf Karten geschrieben und an die Mitglieder einer Gruppe verteilt. Im Austausch der Informationen innerhalb der Gruppe wird schließlich gemeinsam eine Lösung erarbeitet. Durch Ausprobieren und Weiterentwickeln dieser Grundidee sind die Kooperativen Karten entstanden. Alle fünf Basiselemente werden in diesem Lernarrangement berücksichtigt.

Die Kooperativen Karten eignen sich besonders für den Einsatz in der Anfangsphase des Kooperativen Lernens, denn die Vorgehensweise erlaubt eine schnelle und erfolgreiche Umsetzung auch in Klassen, die mit dem Kooperativen Lernen noch nicht vertraut sind. Das gilt im Übrigen auch für Lehrkräfte: Auch für sie wird der Einstieg in das Kooperative Lernen durch die Arbeit mit den Kooperativen Karten erleichtert. Dieses Lernarrangement hilft, sich mit der Umsetzung des Kooperativen Lernens im Zuge der praktischen Arbeit vertraut zu machen und mehr Sicherheit in der unterrichtlichen Umsetzung zu gewinnen.

Die Kooperativen Karten entstehen aus einer geeigneten Textaufgabe, die in Teilinformationen zerlegt wird. Günstig sind dabei 12 bis 20 Teilinformationen, die jeweils auf einzelne Karten geschrieben werden. Neben Textbausteinen können auch Zeichnungen, Skizzen oder ähnliches verwendet werden. Auch überflüssige Angaben sind denkbar und wünschenswert.

Im Unterricht werden die Kooperativen Karten in Gruppen bearbeitet, wobei die Karten gleichmäßig (soweit möglich) an alle Mitglieder der Gruppe ausgeteilt werden. Nun wird nach bestimmten Regeln gearbeitet. Die Schülerinnen und Schüler kommen mit Hilfe der Karten ins Gespräch und suchen gemeinsam nach der Aufgabenstellung und deren Lösung. Als Gruppe verfügen sie über alle Informationen, die sie dafür benötigen. Am Ende muss jedes Gruppenmitglied in der Lage sein, die in der Gruppe gemeinsam erarbeitete Lösung zu präsentieren.

Die klar definierten Regeln für die Arbeit mit den Kooperativen Karten stellen unter anderem sicher, dass sich alle Schülerinnen und Schüler beteiligen und ihren Teil zur Lösung beitragen, also persönlich Verantwortung für den Arbeitsprozess übernehmen. Wenn die Regeln eingehalten werden, wird es schwierig eine „Ohne mich...“-Arbeitshaltung einzunehmen. Jeder kann und muss sich in den Arbeitsprozess einbringen und hat Erfolgserlebnisse, da seine Teilinformationen für die Lösung benötigt werden. Darin liegt vor allem für zurückhaltende Schülerinnen und Schüler eine Chance.

Wie man aus einer Schulbuchaufgabe relativ schnell Kooperative Karten erstellen kann, zeigt das folgende Beispiel: Lambacher Schweizer. Mathematik für Gymnasien 7. Stuttgart 2010, S. 132, Aufgabe 4.

Die Fahrradpanne

Auf seinem Weg nach Hause hat Phillip eine Fahrradpanne und müsste sein Rad 12 km schieben. Also ruft er per Handy seinen Vater an und bittet um Hilfe. Sein Vater fährt ihm sofort mit dem Auto entgegen. Nun fährt der Vater 1300 m pro Minute und Phillip geht 85 m in der Minute.

a) Wie lange dauert es, bis sie sich treffen?

c) Welchen Anteil des Weges (in %) ist Phillip marschiert?

c) Bestätige, dass der Vater mit einer Geschwindigkeit von 78 km/h gefahren ist.

Auf seinem Weg zurück nach Hause hat Philip eine Fahrradpanne.	Die Panne hat er 12 km von zu Hause entfernt.	Phillip will sein Rad nicht bis nach Hause schieben und ruft per Handy zu Hause an.
Er bittet seinen Vater um Hilfe.	Sein Vater fährt ihm sofort mit dem Auto entgegen.	Philipp geht seinem Vater entgegen.
Philipp geht mit einer Geschwindigkeit von 85 m pro Minute.	Der Vater fährt mit einer Geschwindigkeit von 1300 m pro Minute.	Wie lange dauert es, bis Phillip und sein Vater sich treffen?
Welchen Anteil des Weges in % ist Philipp dem Vater entgegen gegangen?	Bestätigt, dass der Vater mit einer Geschwindigkeit von 78 km/h gefahren ist.	Phillip macht mit seinem neuen Fahrrad eine Tour in den Ferien.

Spielregeln Kooperative Karten

Grundsätzlich gilt:

A. Jede Gruppe hat die Aufgabe, die auf den Karten vorhandenen Informationen zu sammeln und zu ordnen, die Aufgabenstellung auf den Karten zu finden und gemeinsam die Aufgabe/das Problem zu lösen.

B. Alle Gruppenmitglieder schreiben die Informationen auf und helfen bei der Lösung. Jeder notiert sich die Lösung in sein Heft.

Ablauf der Arbeitsphase:

Die Karten werden gleichmäßig an die Gruppenmitglieder verteilt.

Jedes Gruppenmitglied **liest** sich die Informationen auf seinen Karten aufmerksam durch und überlegt sich, in welchem Zusammenhang die Informationen stehen.

Die Gruppenarbeit beginnt mit dem Sammeln der Informationen.

Jeder liest die Informationen auf seinen Karten selbst vor!

Die Karten werden danach nicht auf den Tisch gelegt. Eine Ausnahme bilden Karten mit grafischen Informationen, diese dürfen für alle sichtbar ausgelegt werden.

Bitte beachten:

Niemand darf sich eine oder mehrere Karten seiner Nachbarn nehmen, um schnell nachzusehen, wie die Informationen lauten.

Allerdings darf jedes Gruppenmitglied Informationen **nachfragen** und die Karten dürfen **beliebig oft vorgelesen werden**, wenn die Informationen in dieser Phase der Überlegungen besonders wichtig zu sein scheinen.

Jede Gruppe bereitet eine **Präsentation** ihrer Lösung vor (z.B. als Tafelanschrieb, auf Folie, als Plakat,...).

Ein noch zu bestimmendes Mitglied der Gruppe führt die Präsentation in der Klasse vor.

Kooperative Karten lassen sich aus geeigneten Lehrbuchaufgaben problemlos erstellen - die Möglichkeiten sind unerschöpflich. Dabei kann der Schwierigkeitsgrad der Aufgaben von einfach bis komplex variieren.

Ein Beispiel für eine Aufgabe im Zusammenhang mit Körperberechnungen ist der Kartensatz „Gotthard-Tunnel“[6]. Der Kartensatz „Container“ ist ebenfalls ein Beispiel für eine komplexe Aufgabenstellung. Solche Sachverhalte aus dem Alltag sind ideal, um mathematische Zusammenhänge herzustellen und sie in Kooperativen Karten aufzubereiten. Auch Situationen aus dem schulischen Umfeld bieten sich an und betreffen gleichzeitig die Lebenswelt der Schülerinnen und Schüler (vgl. Kartensatz „Klassenfahrt“). Auch mathematische Themen aus der Sekundarstufe II bieten durchaus die Möglichkeit auf einem hohen Niveau Kooperative Karten einzusetzen: Beim Beispiel „Tatort Münster“ werden exponentielle Funktionen zur Lösung benötigt.

Viele andere Konstruktionsmöglichkeiten sind denkbar:

- Schülerinnen und Schüler oder Schülergruppen, die mit der Arbeitsform schon vertraut sind, fertigen selbst aus Schulbuchaufgaben oder anderen Informationen Kooperative Karten für andere Gruppen an.
- Musterlösungen für komplexe Aufgaben werden in einzelne Schritte zerlegt und wieder auf Karten geschrieben. Die Aufgabe besteht darin, die richtige Abfolge wieder herzustellen und beispielsweise Regeln oder Formeln entsprechend zuzuordnen.
- In geometrischen Zusammenhängen werden Konstruktionsbeschreibungen zerlegt. Sie müssen dann in der richtigen Reihenfolge wieder zusammengesetzt und die Konstruktion muss durchgeführt werden.
- ...

Der Schwierigkeitsgrad jedes einzelnen Kartensatzes lässt sich variieren, indem man zusätzliche, überflüssige Informationen hinzufügt. Das verbessert zusätzlich die Textlesekompetenz der Schüler. Eine andere Möglichkeit besteht darin, alle oder einige Fragen aus dem Spiel zu nehmen, so dass eine offene Aufgabe entsteht. Dies sollte aber nur bei Gruppen umgesetzt werden, die in der Arbeitsform geübt sind. Andernfalls kann die Aufgabe schnell zu schwer und zu anspruchsvoll werden. Aufgrund ihrer vielfältigen Variationsmöglichkeiten können die Kooperativen Karten sehr gut für die Binnendifferenzierung eingesetzt werden.

[6] Das Mathematikbuch 9. Schülerband. Stuttgart 2011. Ausgabe N, S. 85

Kann die Angabe, es entstehen „13,3 Millionen m³“ Auswurfmaterial allein durch den Bau des Gotthard-Tunnels, stimmen?	Wieviel Beton wird an einem Tag maximal benötigt? 	Eine hochmoderne Tunnelbohranlage kann es schaffen, sich je nach Gelände am Tag durch bis zu 40 m Gestein zu bohren.
Sofort nach dem Bohren der Tunnelröhre wird eine 30 cm dicke Innenschale aus Beton gegossen, um die Stabilität zu gewährleisten.	Wieviel m³ Fels müssen für einen Querschlag durchbohrt werden?	Die Querschläge haben einen Innen-Durchmesser von 4,25 m, sie dienen zum Beispiel als Sicherheitsbereich bei Gefahr.
Kann die angegebene Anzahl der Querschläge stimmen?	Auf der Strecke gibt es insgesamt 178 Querschläge.	Die beiden Tunnelröhren sind alle 325 m durch Querstollen, die sogenannten Querschläge, miteinander verbunden.

Die beiden Röhren des Gotthard-Tunnels liegen etwa 40 m auseinander.

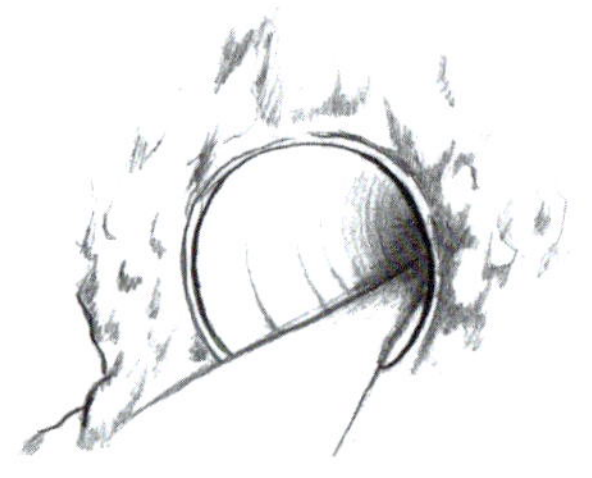

Der Gotthard-Basistunnel besteht aus zwei einspurigen Röhren.

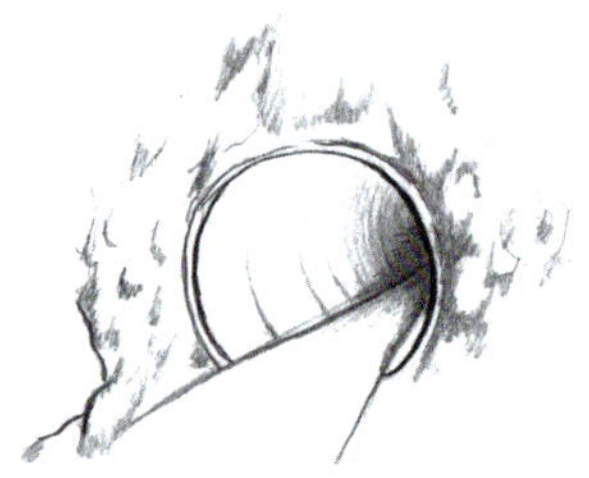

Mit dem 57 km langen Gotthard-Basistunnel entsteht zwischen Erstfeld und Bodio der längste Eisenbahntunnel der Welt.

Für das gesamte Projekt müssen etwa 30 Milliarden Franken aufgebracht werden.

Die beiden Tunnelröhren haben einen Innen-Durchmesser von etwa 9 m.

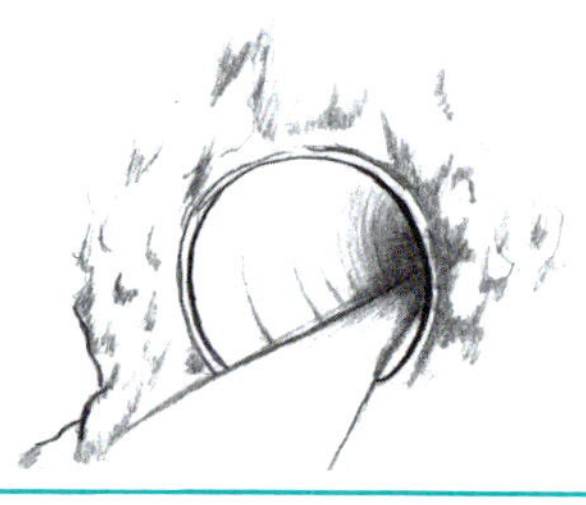

Der neue Gotthard-Tunnel ist ein Jahrhundert-Projekt.

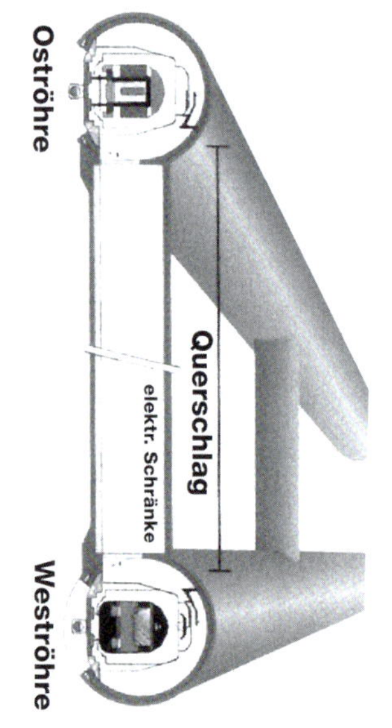

Die Züge werden dann mit einer Geschwindigkeit von bis zu 250 km/h durch den Tunnel fahren.

Der neue Gotthard-Tunnel ist das Herzstück einer Bahnstrecke durch die Alpen. Die Inbetriebnahme ist 2017 geplant.

Ein großes, modernes Containerschiff wie die „Emma Maersk“ soll bis zu zwanzigtausend 20-Fuß-Container transportieren können.	Ein großes Containerschiff kostet etwa 90 Millionen Euro. 	Welche Innenmaße könnte ein solcher Container haben, wenn er ein Volumen von ca. 33 m^3 hat.
Ein 20-Fuß-Container ist 2,438 breit. 	Ein 20-Fuß-Container ist 6,058 m lang. 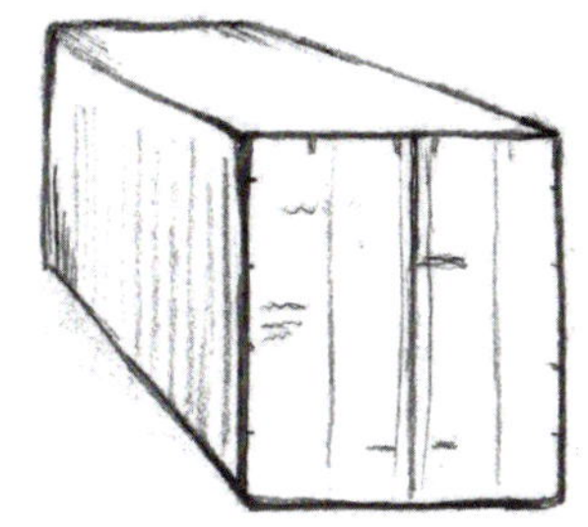	Das Verladen eines Containers mit Hilfe eines Krans dauert durchschnittlich 2,5 Minuten. 
Wie groß ist das Maximal-Gewicht der geladenen Container zusammen?	Kann die „Emma Maersk“ tatsächlich zwanzigtausend 20-Fuß-Container laden?	Wie lange dauert das Verladen von 20000 Containern, wenn ein Kran eingesetzt wird?

Die Emma Maersk vom Typ „Very Large Container Ship“ hat nur noch 13 Mann Besatzung.	Ein 20-Fuß-Container ist 2,591 m hoch. 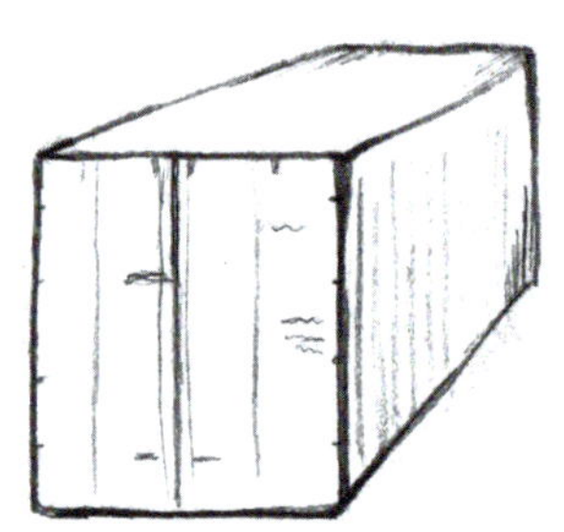	Wie lange würde das Verladen dauern, wenn vier Kräne eingesetzt würden?
Die „Emma Maersk“ ist 397 m lang. 	Ein 20-Fuß-Container hat ein Leergewicht von 2250 kg. Seine maximale Zuladung beträgt 21 750 kg.	Bis zu 11 Lagen Container übereinander können auf dem Deck verladen werden.
Das Schiff besitzt einen Antrieb mit 110 000 PS.	Die „Emma Maersk“ ist 56,4 m breit. 	Bis zu 9 Lagen Container übereinander können unter Deck verladen werden.

COPY KoKa „Klassenfahrt“ I

Die Klasse 5d hat 28 Schüler.	Die Klasse 5d macht im Herbst eine Klassenfahrt nach Cappenberg. 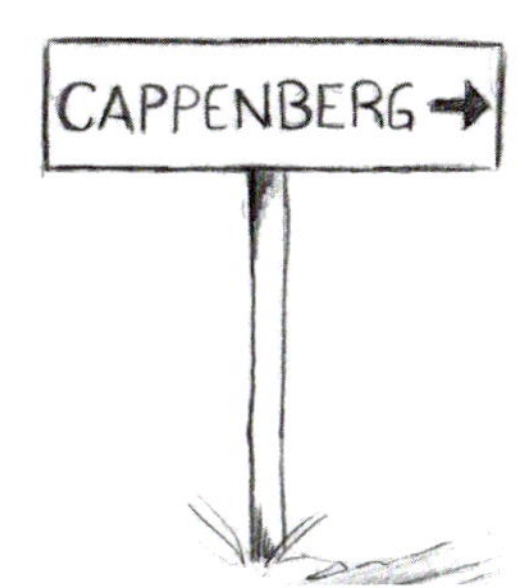 	Unterkunft, Verpflegung und Programm kosten insgesamt 4788 €.
Die Busfahrt nach Cappenberg kostet 224 €. 	Für Bastelmaterial setzt der Lehrer pro Schüler 3 € an.  	Wie viel muss jeder Schüler insgesamt bezahlen?
In der Jugendherberge stehen Zimmer mit 4, mit 6 und mit 8 Betten zur Verfügung.	Wie kann die Zimmerverteilung auf dem Jungen- bzw. Mädchenflur aussehen, wenn in belegten Zimmern möglichst wenig Betten leer bleiben sollen?	Die Fahrt beginnt am Montag. 

COPY KoKa „Klassenfahrt“ II

Die Klassenfahrt endet am Freitag.

Gebt mindestens zwei verschiedene mögliche Zimmerverteilungen an.

Die Klasse nimmt an einem Programm teil.

Das gebuchte Programm heißt „Abenteuer Team“.

In der Klasse sind 11 Mädchen.

Wie teuer ist das gebuchte Programm, wenn der Vollpensionspreis in der Jugendherberge 29,80 € beträgt?

Der Lehrer überlegt eventuell das preiswertere Sozialkompetenztraining „Fair Play“ zu buchen.

Beim „Fair Play“ Training könnten insgesamt 140 € eingespart werden. Wie soll der Lehrer entscheiden?

Die Fahrt noch Cappenberg dauert 40 Minuten.

KoKa „Tatort Münster“ I

In dieser milden Sommernacht sorgt der lang nachwirkende Sonnenschein für nächtliche Temperaturen von etwa 20° C.

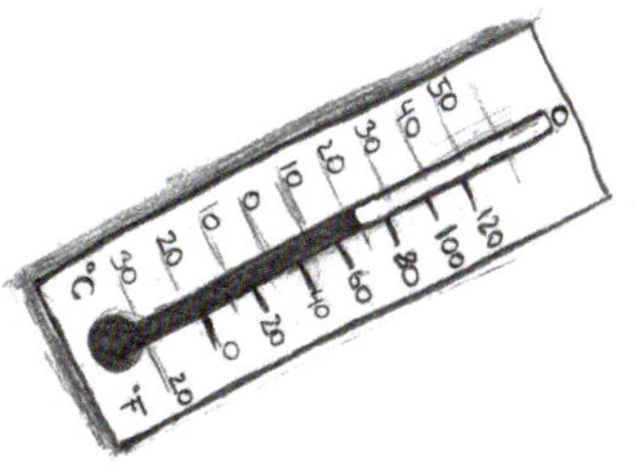

Kommissar Thiele trifft schnell mit dem Fahrrad am Tatort ein und versucht umgehend zu klären, wer als Täter in Frage kommt.

Kurz vor Mitternacht wird der leblose Körper des stadtbekannten Drogendealers Uwe Westerholt gefunden.

Die Leiche von Uwe Westerholt wird in der Nähe einer bekannten Diskothek gefunden.

Der herbeigerufene Gerichtsmediziner Professor Boerner kann nur noch den Tod von Uwe Westerholt feststellen.

Der Gerichtsmediziner misst am Tatort um Mitternacht die Körpertemperatur der Leiche zum ersten Mal, sie beträgt 29,4° C.

Nehmt begründet Stellung zu der Frage: Kommt der verdächtige Tim O. tatsächlich als Täter in Frage?

Der Gerichtsmediziner verspricht den genauen Todeszeitpunkt umgehend zu bestimmen.

Gerichtsmediziner gehen bei ihren Berechnungen davon aus, dass die Körpertemperatur des Opfers zum Zeitpunkt seines Ablebens 37° C beträgt.

COPY KoKa „Tatort Münster“ II

Professor Boerner misst die Körpertemperatur der Leiche am Tatort zum Ende der Ermittlungen noch einmal. 	Während der Ermittlungen sinkt die Körpertemperatur des Opfers um 6,1°C.	Um 2 Uhr morgens sind die polizeilichen Ermittlungen am Tatort beendet.
Der erste Verdacht fällt auf Tim O., einen drogenabhängigen Angestellten der Diskothek.	Der letzte Anruf auf dem Handy des Opfers erfolgte um 22.50 h. Laut Anzeige wurde die Nummer von Tim O. gewählt. 	Der dringend tatverdächtige Tim O. wurde bis 23 Uhr von mehreren Zeugen in der Diskothek gesehen. 
Tim O. gibt bei seiner Vernehmung an, bis 23 Uhr in der Diskothek gearbeitet zu haben und dann bis nach Mitternacht in einer Kneipe in der Nähe der Diskothek gewesen zu sein.	Tim O. wird von Kommissar Thiel noch am Tatort verhört und anschließend sofort in Polizeigewahrsam genommen. 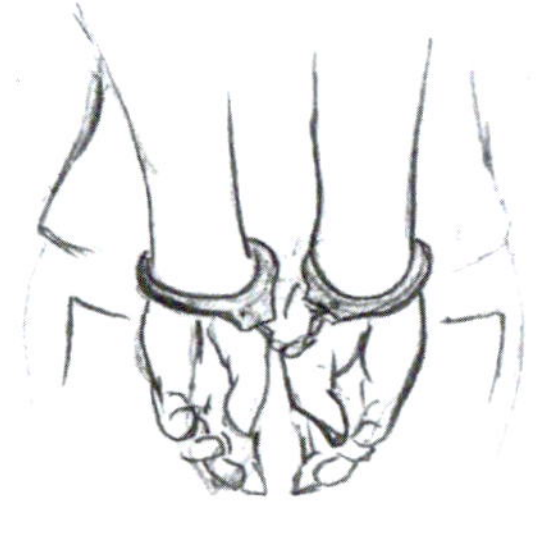	Die Abnahme der Körpertemperatur eines Toten verläuft exponentiell.

KOOPERATIVE KARTEN UND DIE 5 BASISELEMENTE

2.1
Individuelle Verantwortung

Regeln,
Zufallsprinzip,
Rollenübernahme

2.2
Positive Abhängigkeit

Ziel,
Reihenfolge,
Umgebung,
Rollenübernahme,
Ressourcen

2.3
Unterstützende Interaktion

Sitzordnung,
Teambildung

2.4
Soziale Kompetenzen

Regeln befolgen,
leise sprechen,
ausreden lassen,
aktiv zuhören,
abwarten können
aufmerksam sein
Konflikte lösen

2.5
Reflexion

Einzel- und
Gruppenreflexion
der Arbeitsprozesse

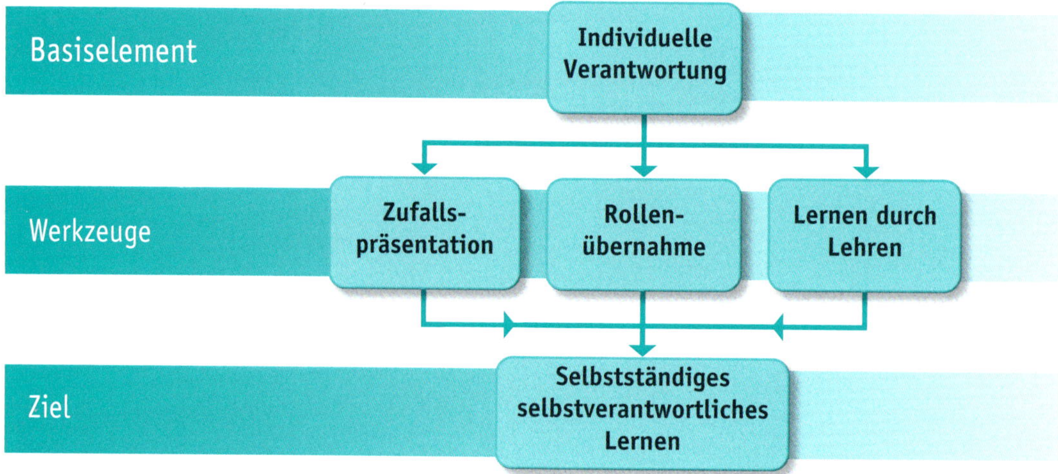

2.1 Individuelle Verantwortung

Die Erfahrung von Eigenverantwortung im Lernprozess ist nicht nur ein Basiselement Kooperativen Lernens. Auch in den Kernlehrplänen für das Fach Mathematik ist sie verankert:

„Sie (die Schüler) entwickeln personale und soziale Kompetenzen, indem sie lernen

- gemeinsam mit anderen mathematisches Wissen zu entwickeln und Probleme zu lösen (Kooperationsfähigkeit als Voraussetzung für gesellschaftliche Mitgestaltung) sowie
- Verantwortung für das eigene Lernen zu übernehmen und bewusst Lernstrategien einzusetzen (selbstgesteuertes Lernen als Voraussetzung für lebenslanges Lernen).“[7]

In den Grundschulen wird das eigenverantwortliche Lernern angebahnt, in den weiterführenden Schulen muss die Kompetenz weiter entwickelt werden. Dazu sollen den Schülerinnen und Schülern Möglichkeiten eröffnet werden, eigenverantwortliches Lernen zu lernen und zu trainieren. Dies muss sorgsam, systematisch und auch langfristig erfolgen. Dieses Basiselement muss deshalb im Unterricht eine zentrale Rolle spielen. Das Kooperative Lernen bietet verschiedene Möglichkeiten der Umsetzung im Unterricht, dies sind zum Beispiel:

- Präsentationen erfolgen nach dem Zufallsprinzip, jedes Gruppenmitglied muss in der Lage sein, den Gruppenprozess und das Ergebnis nach außen zu vertreten und zu präsentieren.
- Am Ende einer Gruppenarbeit wird der individuelle Kenntnisstand durch einen Test abgeprüft.
- Alle Schülerinnen und Schüler erwerben Expertenwissen in einem bestimmten Bereich, das bei der Lösung eines Problems benötigt und dazu an die Gruppe weitergegeben wird (Lernen durch Lehren).
- Jedem Schüler wird in der Gruppenarbeit eine spezielle Rolle zugewiesen, etwa die des Materialmanagers, des Ermutigers oder des Zeitwächters (vgl. 2.2).
- Der eigene Anteil an einem Gruppenergebnis kann gekennzeichnet werden.
- Die individuelle und die Gruppenleistung werden bewertet (vgl. 2.5 und 5.).

Praxisexkurs: Kooperative Karten

Die klar definierten Regeln bei der Arbeit mit den Kooperativen Karten stellen sicher, dass sich alle an der Arbeit beteiligen und persönliche Verantwortung für den gesamten Arbeitsprozess übernehmen. Hier wird deutlich, wie entscheidend die Regeln bei der Arbeit mit den Kooperativen Karten sind. Deshalb muss die Lehrperson von Beginn an auf ihre Einhaltung achten. Die abschließende Präsentation nach dem Zufallsprinzip ist ein wesentliches methodisches Werkzeug, um die Übernahme der Individuellen Verantwortung für die Gruppenlösung sicherzustellen.

[7] Kernlehrplan Mathematik NRW. Frechen 2007. S. 11.

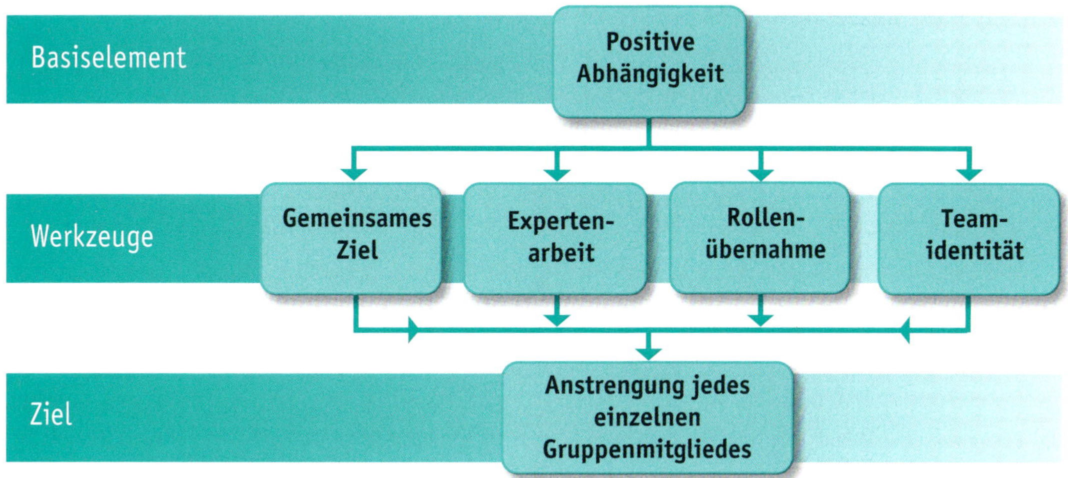

2.2 Positive Abhängigkeit

Die Positive Abhängigkeit ist eng verknüpft mit dem Element der Individuellen Verantwortung. Positive Abhängigkeit meint, dass jedes Gruppenmitglied aufgrund seiner Fähigkeiten, seiner Rolle und seiner Aufgabenverantwortung einen einzigartigen, unverzichtbaren Beitrag zum gemeinsamen Erfolg leistet. Wenn jedes einzelne Gruppenmitglied verantwortungsvoll mitarbeitet, kann die Gruppe erfolgreich sein. Wenn sie erfolgreich ist, ist auch der Einzelne erfolgreich. So entwickelt sich ein starkes Gemeinschaftsgefühl und Teamidentität. Für das kooperative Arbeiten ist das gemeinsame Ziel immer notwendig, während die anderen Vorgehensweisen optional sind und je nach Problemstellung und Methode in den Blick genommen werden sollen.

Auch Expertenarbeit ist dazu geeignet, Positive Abhängigkeit im Unterricht zu erzielen. Dazu wird jedem Gruppenmitglied eine Expertenrolle für eine bestimmte Aufgabenstellung zugewiesen. Das erworbene Expertenwissen wird für die weitere Arbeit der Gruppe benötigt, die Gruppe ist also „abhängig" davon, dass das Wissen der Experten in die Arbeit einfließt. Diese Methode muss jedoch im Unterricht eingeübt werden, sonst kommt es schnell zur Überforderung der Schülerinnen und Schüler (vgl. Kapitel 4).

Positive Abhängigkeit im Unterricht kann nach Norm Green durch verschiedene Vorgehensweisen erreicht werden[8]:

1. Ziel	Eine gemeinsame Absicht wird festgestellt. Einer ist erfolgreich, wenn alle erfolgreich sind.
2. Belohnung	Alle Teammitglieder erhalten die gleiche Belohnung, wenn jedes Teammitglied erfolgreich ist.
3. Äußerer Einfluss	Gruppen konkurrieren mit anderen Gruppen oder versuchen, früher erzielte Ergebnisse zu übertreffen.
4. Reihenfolge	Die Gesamtaufgabe wird in kleinere Einheiten unterteilt und in einer festgelegten Reihenfolge erledigt.
5. Umgebung	Die Gruppenmitglieder sind durch die physische Umgebung miteinander verbunden, etwa indem sie beieinander sitzen.
6. Rolle	Jedem Mitglied wird eine komplementäre und mit den anderen verbundene Rolle zugewiesen.
7. Identität	Die Teamkameraden entwickeln eine gemeinsame Identität durch einen Gruppennamen, eine Flagge, ein Motto, ein Lied, etc.
8. Simulation	Teammitglieder bearbeiten eine hypothetische Situation (erfolgreich sein und/oder überleben).
9. Ressourcen	Pro Gruppe steht ein Satz Materialien zur Verfügung

[8] vgl. Norm Green, Kathy Green: Kooperatives Lernen im Klassenraum und im Kollegium. Seelze 2005. S. 77.

Rollenübernahme beim Kooperativen Lernen

Neben dem gemeinsamen Ziel, nimmt die Übernahme von Rollen (6) durch die Gruppenmitglieder im Kooperativen Lernen eine zentrale Stellung ein. Positive Rollenabhängigkeit liegt vor, wenn jedem Mitglied eine Rolle zugewiesen wird. Diese ist mit den Rollen der anderen Gruppenmitglieder insofern verbunden, dass alle Rollen benötigt werden, um die gemeinsame Aufgabe zu bewältigen. Es gibt zwei Arten, die vergeben werden können: Arbeitsrollen wie Materialmanager, Schriftführer, Zeitwächter, ... und soziale Rollen wie Ermutiger, Sozialmanager ...

Beide Rollenarten stehen in enger Verbindung mit dem Basiselement „Soziale Kompetenzen“ (vgl. 2.4). Die Rollenverteilung hilft der Gruppe nämlich zu funktionieren und Einzelne dabei zu unterstützen, wertvolle Gruppenmitglieder zu sein oder zu werden. Schülerinnen und Schüler müssen natürlich beim Erwerb der Rollen angeleitet werden. Dazu ist es wichtig, dass die Rollen genau definiert sind und die Rollenübernahme am Anfang beobachtet, bewertet und belohnt wird. Dafür haben sich Rollenkarten als außerordentlich hilfreich erwiesen. Sie benennen die jeweilige Rolle und enthalten eine genaue Beschreibung dessen, was zur Rollenübernahme gehört und wann Schülerinnen und Schüler in ihrer Rolle erfolgreich sind. Für den Mathematikunterricht sind folgende Rollen besonders hilfreich:

Arbeitsrollen

Materialmanager	Holt Material oder Ausrüstung, das die Gruppe benötigt. Achtet auf den sorgsamen Umgang mit dem Material und bringt es am Ende der Arbeit nach Überprüfung wieder zurück.
Zeitmanager	Achtet auf die Einhaltung der vorgegeben Zeit und gibt dazu entsprechende Hinweise.
Lautstärkewächter	Achtet darauf, dass die vereinbarte Lautstärke beim Arbeiten nicht überschritten wird, damit andere Gruppen nicht gestört werden. Benutzt möglichst ein non-verbales Signal, um Gruppenmitglieder zu beruhigen.
Regelbeobachter	Achtet auf die Einhaltung vorgegebener Regeln, verfügt möglichst über ein schriftliches Exemplar der vereinbarten Regeln.
Prozessmanager	Liest die Aufgabenstellung langsam und deutlich vor, so dass die Gruppenmitglieder sie verstehen und behalten können. Organisiert den Ablauf der Arbeitsphase, verteilt eventuell Arbeitsaufträge. Fasst am Ende alles zusammen, so dass die Gruppe noch einmal überprüfen kann, ob die Arbeit abgeschlossen ist.
Schriftführer	Schreibt die besten Antworten der Gruppe auf. Dokumentiert, was die Gruppe geschrieben hat, und lässt am Schluss die Gruppenmitglieder das Protokoll überprüfen.
Präsentator	Präsentiert die Ergebnisse der Gruppe.

Soziale Rollen

Ermutiger	Achtet darauf, dass alle sich beteiligen. Bezieht zurückhaltende Gruppenmitglieder mit ein. Hilft Mitgliedern, dass sie sich nach ihren Beiträgen gut fühlen, indem sie gelobt werden.
Beobachter	Beobachtet, wie gut die Mitglieder zusammenarbeiten, macht sich Notizen für die Reflexionsphase.
Sozialmanager	Unterbindet gegenseitiges Herabwürdigen, unterstützt ermutigende Äußerungen.

Besondere Rollen

Joker	Springt überall dort ein, wo Hilfe benötigt wird.
Spion	Gibt der Gruppe Hilfestellung bei auftretenden Schwierigkeiten. Darf nach Anweisung des Lehrers bei anderen Gruppen nach deren Lösungen schauen, darf sich dabei aber keine Notizen machen. Holt eventuell beim Lehrer entsprechende, vorbereitete Hilfen ab.

Praxis-Exkurs: Kooperative Karten

Die Kooperativen Karten setzen einige der oben genannten Punkte idealtypisch um. Insbesondere in Hinblick auf das Ziel (1), die Reihenfolge (4), die Umgebung (5), die Rolle (6) und die Ressourcen (9) wirken sie unterstützend. Die Gruppe verfolgt bei der Arbeit mit den Kooperativen Karten das gemeinsame Ziel die Aufgabe herauszufinden und zu lösen. Der Spiel- und Rätselcharakter der Karten unterstützt dabei die Motivation der Schülerinnen und Schüler.

Durch das Konstruktionsprinzip der Kooperativen Karten und die Einhaltung der Regeln ist der Punkt Reihenfolge beispielhaft umgesetzt worden.

Die Bearbeitung der Kooperativen Karten kann nur erfolgen, wenn die Gruppenmitglieder gemeinsam an einem Tisch sitzen und arbeiten. Die Umgebung muss also gruppenarbeitsförderlich gestaltet sein (vgl. 2.3).

Bei der Arbeit mit den Kooperativen Karten sind einige Rollen natürlich ganz besonders wertvoll, dazu gehören der Materialmanager, der Zeit- und Lautstärkewächter sowie der Regelbeobachter. Sie alle unterstützen die Arbeitsprozesse in der Gruppe, entlasten jedoch auch die Lehrperson. Sie muss das Material beispielsweise nur noch an den Materialmanager ausgeben, dieser kümmert sich um alles andere. Hier ist es anfänglich allerdings notwendig, die Tätigkeit des Materialmanagers zu kontrollieren und gute Arbeit auch entsprechend zu würdigen. Das gilt für die übrigen Rollen natürlich ebenso.

Der Regelbeobachter hat eine zentrale Rolle bei der Arbeit mit den Kooperativen Karten. Da der Erfolg der Methode unabdingbar mit der Einhaltung der Regeln verknüpft ist, ist es speziell in der Anfangsphase sehr wichtig, sie immer wieder einzufordern. Dabei kann die Lehrperson sehr wirkungsvoll vom Regelbeobachter unterstützt werden. Es ist besonders wichtig, dass jeder Regelbeobachter über ein Exemplar der Regeln verfügt, um während der Arbeit darauf verweisen zu können. Sind die Schülerinnen und Schüler im Umgang mit den Kooperativen Karten geübt, wird der Regeleinsatz zur Selbstverständlichkeit. Dann kann auf die Rolle des Regelbeobachters verzichtet werden. Auf die Rolle des Präsentators wird bei der Arbeit mit den Kooperativen Karten verzichtet, da sonst die Übernahme der Verantwortung für die Erarbeitung der Lösung und das Gruppenergebnis nicht mehr unabdingbar ist. Das gleiche gilt auch für den Schriftführer. Die Rolle des Prozessmanagers kann vergeben werden, wenn es notwendig erscheint, dass ein Schüler den Arbeitsprozess steuert. Dann können die Rollen des Zeitwächters und des Prozessmanagers kombiniert werden.

Werden die Kooperativen Karten in der Anfangsphase des Kooperativen Lernens eingesetzt, sollte vorsichtig mit der Vergabe von sozialen Rollen umgegangen werden, denn diese Rollen verlangen sehr viel Fingerspitzengefühl und Empathie und müssen langsam und sorgfältig eingeübt werden. Hier muss der Erwerb von Sozialkompetenzen (vgl. 2.4) gleichzeitig in den Blick genommen werden. Abhängig von der Lerngruppe und ihrem Sozialverhalten kann die Vergabe von sozialen Rollen jedoch enorm wichtig und förderlich sein.

Die Ressourcen, die bei den Kooperativen Karten benötigt werden, sind normalerweise nur die Karten selbst und das Regelblatt. (Es sei denn für die Bearbeitung der Aufgabe werden noch zusätzliche Materialien benötigt.) Auch hier gilt, die Gruppe verfügt nur über einen Kartensatz und muss durch gemeinsame Anstrengung die Aufgabe lösen.

Weitere Bemerkungen zur Umsetzung im Unterricht

Die Aspekte Belohnung und äußerer Einfluss können im Mathematikunterricht ebenfalls gewinnbringend eingesetzt werden. Dafür kann als gutes Beispiel das Gruppenturnier genannt werden, denn hier spielen die Konkurrenz mit den anderen Gruppen oder die Verbesserung der eigenen Ergebnisse eine besondere Rolle (vgl. Kapitel 4.3).

Der Punkt Identität sollte im Unterricht nicht vernachlässigt werden. Es ist wichtig den Schülerinnen und Schülern Gelegenheit zu geben, eine Teamidentität aufzubauen. Die Verknüpfung mit mathematischen Inhalten ist möglich, aber nicht zwingend erforderlich (vgl. 2.3).

Die Simulation lässt sich meines Erachtens am wenigsten im Mathematikunterricht umsetzen, da der erforderliche Vorbereitungs- und Zeitaufwand in der Regel zu groß ist. Eventuell kann an geeigneter Stelle ein Rollenspiel eingesetzt werden.

COPY Rollenkarten I

Material- Manager

Es ist deine Aufgabe das Material zu verwalten.

- Du holst das Material, das benötigt wird.
- Du beaufsichtigst die Verwendung des Materials.
- Nachdem du es am Ende der Arbeit kontrolliert hast, bringst du es wieder zurück.

Du bist erfolgreich, wenn das benötigte Material vorliegt und alle sorgsam damit umgehen.

Lautstärke-Wächter

Es ist deine Aufgabe, die Lautstärke in deiner Gruppe zu überwachen.

- Du erinnerst deine Teammitglieder daran, beim Sprechen und Arbeiten eine angemessene Lautstärke einzuhalten.
- So werden andere Gruppen nicht gestört.

Du bist erfolgreich, wenn deine Gruppe beim Arbeiten leise bleibt.

Zeit-Manager

Es ist deine Aufgabe die Uhr im Blick zu behalten.

- Du bist für die Einhaltung der zeitlichen Vorgaben zuständig.
- Erinnere deine Gruppenmitglieder regelmäßig daran, wie viel Zeit noch bleibt.

Du bist erfolgreich, wenn die Aufgabe im vorgegebenen Zeitrahmen von euch bearbeitet wird.

Regel-Beobachter

Es ist deine Aufgabe auf die Einhaltung der Regeln zu achten.

- Behalte die Regeln im Blick und erinnere deine Teammitglieder gegebenenfalls an die Einhaltung dieser Regeln.

Du bist erfolgreich, wenn bei der Bearbeitung der Aufgabe alle Regeln eingehalten werden.

Prozessmanager

Es ist deine Aufgabe die Arbeit zu organisieren.

- Lies die Aufgabenstellung langsam und deutlich vor.
- Organisiere den Ablauf der Arbeitsphase, verteile dazu eventuell Arbeitsaufträge.
- Fasse am Ende die Ergebnisse zusammen, so dass deine Gruppe noch einmal überprüfen kann, ob die Arbeit abgeschlossen ist.

Du bist erfolgreich, wenn alle Arbeitsaufträge erfolgreich erledigt werden.

Schriftführer

Es ist deine Aufgabe Protokoll zu führen.

- Schreibe die besten Antworten der Gruppe auf oder dokumentiere die Arbeitsergebnisse.
- Überprüfe am Schluss gemeinsam mit deinen Teammitgliedern das Protokoll.

Du bist erfolgreich, wenn dein Protokoll eure Arbeitsergebnisse wiedergibt.

Ermutiger

Es ist deine Aufgabe andere zu ermutigen.

- Achte darauf, dass alle Teammitglieder sich an der Arbeit beteiligen.
- Beziehe zurückhaltende Teammitglieder mit ein.
- Lobe Teammitglieder nach ihren Beiträgen
- sprich der Gruppe am Schluss deine Anerkennung für die geleistete Arbeit aus.

Du bist erfolgreich, wenn deine Teammitglieder sich ermutigt fühlen.

Beobachter

Es ist deine Aufgabe den Gruppenprozess zu beobachten.

- Beobachte, wie gut deine Teammitglieder zusammenarbeiten.
- Mache dir Notizen für die Reflexionsphase,
- Gib deinen Teammitgliedern Rückmeldung über ihr Verhalten.

Du bist erfolgreich, wenn deine Gruppe in der Reflexionsphase auf deine Beobachtungen zurückgreifen kann und so Veränderungen möglich werden.

Sozialmanager

Es ist deine Aufgabe auf das Gruppenklima zu achten.

- Unterbinde gegenseitiges Herabwürdigen (unfreundliche Bemerkungen) und unterstütze ermutigende Äußerungen.
- Achte darauf, dass jeder sprechen und ausreden darf.

Du bist erfolgreich, wenn deine Gruppe freundlich und friedlich miteinander umgeht.

Joker

Es ist deine Aufgabe Joker für alles zu sein.

- Greife ein und biete deine Hilfe an, wenn deine Gruppe oder ein Teammitglied an einer Stelle Unterstützung benötigt.

Du bist erfolgreich, wenn aufgetretene Probleme mit deiner Hilfe gelöst werden können.

Spion

Es ist deine Aufgabe Informationen zu besorgen.

- Du darfst nach Anweisung des Lehrers bei anderen Gruppen nach deren Lösungen schauen.
- Du darfst dir keine Notizen machen, präge dir die Lösungsidee also gut ein.
- Oder du holst beim Lehrer vorbereitete Hilfen ab.

Du bist erfolgreich, wenn deine Gruppe mit Hilfe deiner Informationen weiterarbeiten kann.

Präsentator

Es ist deine Aufgabe die Ergebnisse zu präsentieren.

- Du präsentierst im Anschluss an die Arbeitsphase das Ergebnis deiner Gruppe.
- Du bist dafür verantwortlich, das Ergebnis angemessen vorstellen zu können.
- Mach dir dafür rechtzeitig Notizen und frage nach, wenn dir etwas unklar geblieben ist.

Du bist erfolgreich, wenn du die Ergebnisse deiner Gruppe für alle verständlich vorstellst.

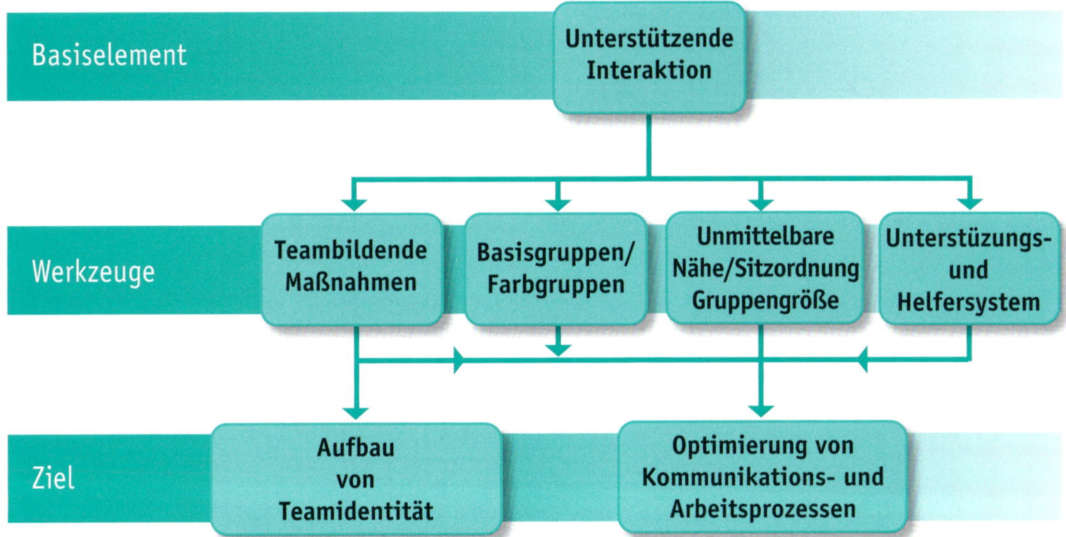

2.3 Unterstützende Interaktion

Dieses Basiselement wird von anderen Autoren auch als „Face-to-Face Interaction" bezeichnet, denn es geht darum, die Gruppenarbeit durch äußere Bedingungen zu ermöglichen und zu fördern. Dazu gehört die unmittelbare räumliche Nähe, die es möglich macht, sich beim Arbeiten anzusehen und sich zuzuhören. Das allein reicht jedoch nicht aus. Es müssen viele Faktoren zusammenkommen, damit Gruppenarbeit gelingen kann.

Die Gruppengröße

Die Gruppengröße sollte vier bis fünf Schülerinnen und Schüler nicht über- oder unterschreiten. Die Übernahme der Verantwortung jedes einzelnen ist in kleinen Gruppen besser zu gewährleisten als in größeren Gruppen, bei denen sich einzelne aus dem Arbeitsprozess herausziehen könnten. Die optimale Größe sind vier Schülerinnen und Schüler in einer Gruppe. Lässt sich dies aufgrund der Schülerzahl nicht umsetzen, dann ist eine Fünfergruppe besser geeignet als eine Dreiergruppe, denn in der Fünfergruppe kann auch in einer Kombination von Partner- und Gruppenarbeitsphasen gearbeitet werden. Zwei bzw. drei Schülerinnen und Schüler können eine Partnerarbeit durchführen, um dann in der Fünfergruppe weiter zu arbeiten.

Die Sitzordnung

Die äußeren Rahmenbedingungen sind wichtig. Es sollte eine Sitzordnung geben, die schnell und unproblematisch Gruppenarbeit ermöglicht. Sitzen die Schüler beispielsweise in Reigen hintereinander, gehören die Schülerinnen und Schüler der ersten Reihe zusammen mit den Schülerinnen und Schülern der zweiten Reihe, die direkt dahinter sitzen, in eine Gruppe. Für eine Gruppenarbeitsphase dreht sich die vordere Reihe nach hinten um. Das Gleiche gilt für die dritte und die vierte Reihe. Das Umsetzen ist schnell und leise machbar.

In Einzelfällen arbeiten abhängig von der Schülerzahl in der Klasse und den Platzverhältnissen auch Schülerinnen und Schüler, die in einer Reihe sitzen, zusammen. Dazu setzen sich die Schüler von beiden Seiten an einen ihrer Tische. Ein einzelner Doppeltisch ist für eine Gruppenarbeit im Normalfall gut geeignet, wenn die Schüler etwas zusammenrücken. Werden zwei Doppeltische aneinander geschoben, ist der Abstand zwischen den Gruppenmitgliedern sehr groß, so dass der Lautstärkepegel höchstwahrscheinlich steigt. Auch die entstehende Unruhe durch das Umsetzen von Tischen, das Räumen von Taschen etc. ist sehr viel größer. Wird mehr Platz für die Arbeit benötigt, können natürlich auch zwei Tische zusammengeschoben werden.

Sitzplan mit Farbgruppen

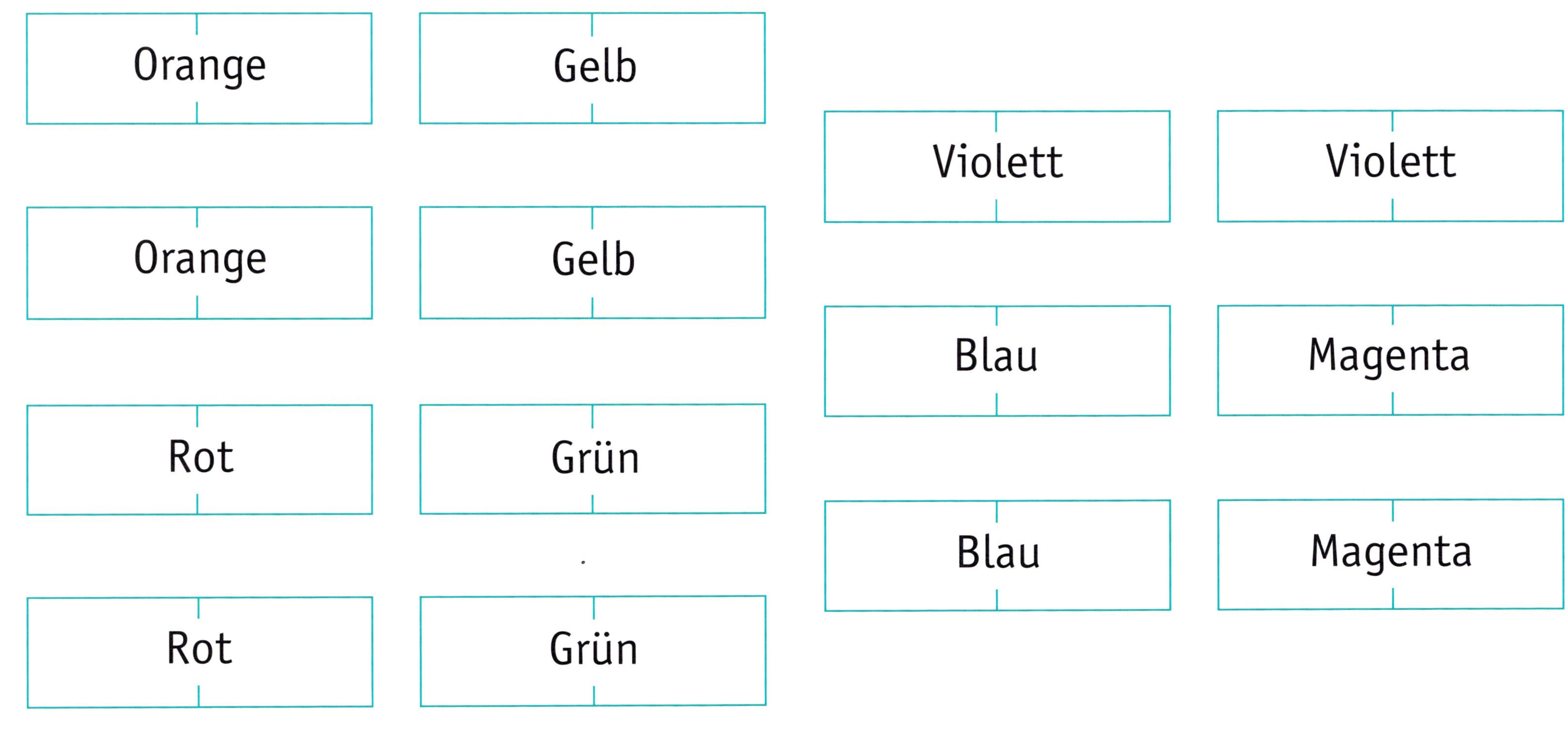

Teambildung und Teamidentität

Durch eine gruppenarbeitsförderliche Sitzordnung allein kommt es aber noch nicht zu guten Arbeitsergebnissen. Es ist wichtig, dass die Schülerinnen und Schüler einer Gruppe zu einem Team zusammenwachsen. Dies geschieht natürlich nicht von selbst, sondern es sind teambildende Maßnahmen erforderlich, die der Gruppe am Anfang und bei Bedarf zugewiesen werden. Folgende Ziele können mit teambildenden Aktivitäten verfolgt werden:

- gegenseitiges Kennenlernen anleiten
- Aufbau von Teamidentität ermöglichen
- gegenseitige Unterstützung erleben
- individuelle Unterschiede respektieren und schätzen
- Synergie aufbauen

Bei der Gestaltung teambildender Aufgaben sind der Fantasie keine Grenzen gesetzt:

- Gruppenmotto festlegen und festhalten
- Gruppenlogo entwerfen und zeichnen
- Werbung für die Gruppe schreiben und gestalten
- Gruppenflagge entwerfen und anfertigen
- Gruppenname festlegen
- ...

Die Einbindung von fachspezifischen Teamübungen in den Mathematikunterricht hat sich als sehr fruchtbar erwiesen. Geometrische Themen lassen sich in einem Gruppenlogo/-bild umsetzen. Die Schülerinnen und Schüler dürfen zum Beispiel nur bestimmte geometrische Elemente in ihrem Bild benutzen. Der Arbeitsauftrag sollte dabei sicherstellen, dass sich alle Schülerinnen und Schüler an dem Bild beteiligen müssen - beim Entwurf, beim Vorzeichnen, beim Ausmalen, etc. So entsteht ein Bild, an dem alle mitgearbeitet haben. Die Bilder werden in der Klasse ausgehängt, auch dies fördert den Teambildungsprozess und sieht außerdem noch gut aus. Zu Beginn eines Schuljahres kann auch eine Wiederholung des bisherigen Stoffes mit einem solchen Bild gelingen. In diesem Fall soll das Gruppenbild zum Beispiel alle bisher behandelten Formeln, Regeln oder ähnliches beinhalten.

Das „Gruppen-Krafttier" ist beispielhaft für eine solche teambildende Maßnahme. Dabei soll das Bild eines Gruppen-Krafttieres aus der gemeinsamen Arbeit heraus entstehen.

Den Schülerinnen und Schülern sollte am Anfang eine kurze Erläuterung zum Begriff „Krafttier" gegeben werden. Bei vielen Indianerstämmen existiert der Glaube, von einer bestimmten Tierart abzustammen. Diese Tierart wird zum Totem, dem man übernatürliche Kräfte zuspricht. Wenn das Tier respektvoll behandelt wird, so glauben die Indianer, übertragen sich seine Kräfte und positiven Eigenschaften auch auf die Menschen. Die Totemtiere oder auch Krafttiere verkörpern somit bestimmte Eigenschaften, der Bär zum Beispiel Stärke und der Falke Schnelligkeit. Diese Krafttiere begleiten die Indianer durch ihr ganzes Leben. In diesem Sinne begleitet das Gruppen-Krafttier mit seinen Kräften und Eigenschaften die Gruppe für eine gewisse Zeit. Die Bedeutung des Krafttieres sollte den Schülerinnen und Schülern vor der Arbeit aber erläutert werden, um die Erfindung von Monstern und ähnliches zu vermeiden.

Diese Aufgabe soll als Beispiel dafür dienen, wie man durch entsprechende Arbeitsaufträge die Beteiligung aller Gruppenmitglieder sicherstellen kann. Weiterhin gilt: Es darf entweder ohne weitere Vorgaben gezeichnet werden oder aber in der speziellen mathematischen Variante dürfen nur bekannte mathematische Elemente beim Zeichnen benutzt werden. Dies kann besonders lohnend sein.

Wir zeichnen unser „Gruppen-Krafttier“

Es wird in Gruppen gearbeitet. Alle Gruppenmitglieder halten ein Din A4 Blatt und Zeichenmaterial bereit.

Mathematische Variante: Es dürfen für die Zeichnung nur mathematische Elemente benutzt werden.

Die nun folgenden Arbeitsaufträge müssen exakt befolgt werden.

1. Arbeitsauftrag Nimm dein DIN-A4 Blatt und einen Stift zur Hand. Zeichne Kopfumriss und Hals eures Krafttieres auf dein Blatt.

2. Arbeitsauftrag Gib dein Blatt an deinen linken Nachbarn weiter. Du erhältst das Blatt deines rechten Nachbarn. Zeichne nun einen Körperumriss mit Gliedmaßen an den bereits vorhandenen Hals.

3. Arbeitsauftrag Gib dein Blatt an deinen linken Nachbarn weiter. Du erhältst das Blatt deines rechten Nachbarn. Vervollständige nun den Kopf, indem du Augen, Ohren, Nase, Mund / Schnauze oder anderes hinzufügst.

4. Arbeitsauftrag Gib dein Blatt an deinen linken Nachbarn weiter. Du erhältst das Blatt deines rechten Nachbarn. Vervollständige nun den Körper. Das Krafttier kann zum Beispiel Hufe oder Krallen, Fell, Haut, Schuppen oder Federn haben.

5. Arbeitsauftrag Legt nun alle Zeichnungen in der Mitte zusammen. Wählt gemeinsam aus diesen Zeichnungen das „Krafttier“ eurer Gruppe aus. Dieses ausgewählte Gruppentier gestaltet ihr jetzt bitte farbig.

Wenn noch Zeit bleibt: Erfindet für euer „Krafttier“ einen passenden Namen und schreibt ihn an den unteren Rand.

6. Arbeitsauftrag Ein zufällig ausgewähltes Gruppenmitglied stellt das Krafttier in der Klasse vor. Dabei soll begründet werden, warum ihr euch für dieses Gruppen-Krafttier entschieden habt

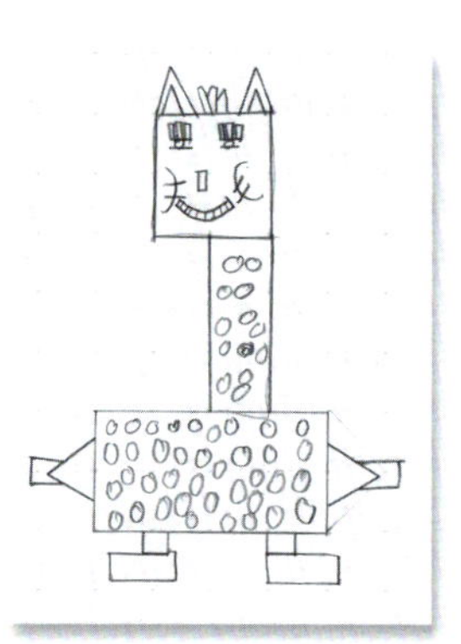

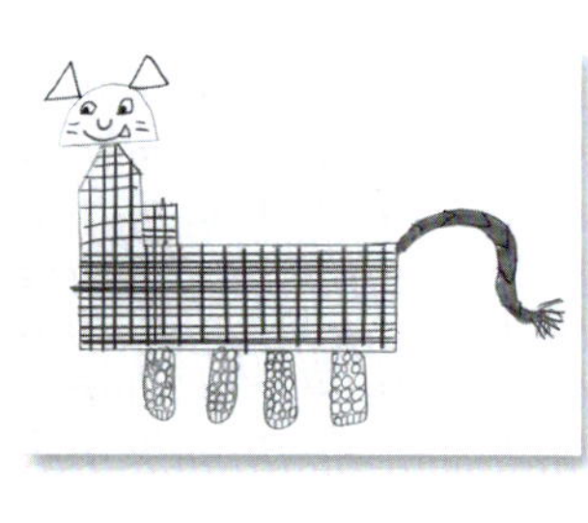

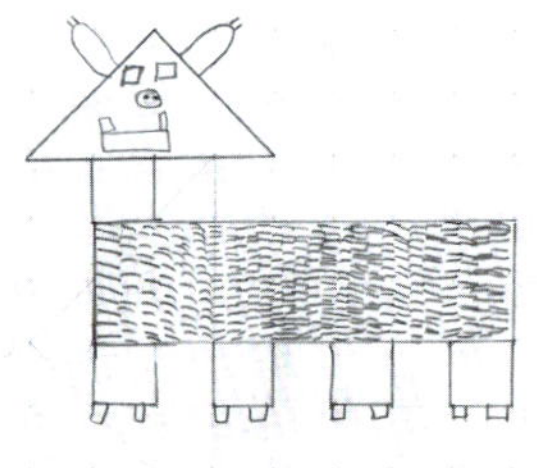

Basisgruppen

Nach Johnson/Johnson existieren drei Organisationsformen[9] für kooperative Gruppenarbeit, die sich hinsichtlich ihrer Dauer, Intensität und Komplexität unterscheiden:

- Formelles, längerfristiges Kooperatives Lernen
- Informelles, kurzfristiges Kooperatives Lernen
- Kooperative Stammgruppen

Die Arbeit mit kooperativen Stammgruppen, den sogenannten Basisgruppen ist dabei besonders erfolgversprechend. Damit die Teambildung besser gelingen kann, ist es notwendig, Basisgruppen über einen längeren Zeitraum, am besten über mehrere Wochen bestehen zu lassen. Die Basisgruppen bleiben zum Beispiel vom Ferienende bis zu den nächsten Ferien bestehen, so dass die Schülerinnen und Schüler etwa viermal im Schuljahr die Gruppe wechseln. In diesen Teams wird im Unterricht normalerweise gearbeitet. In Einzelfällen können für besondere Aufgaben andere Gruppen gebildet werden, danach kehren die Schülerinnen und Schüler jedoch wieder in ihre Basisteams zurück. Diese Konstruktion gibt den Schülerinnen und Schülern Sicherheit, zufällige Konstellationen und häufiger Gruppenwechsel führen hingegen zu Verunsicherung.

Die Gruppenzusammensetzung kann zufällig erfolgen. Dies kann jedoch zu unerfreulichen Zusammensetzungen führen, die für den Unterrichtsablauf nicht sehr förderlich sind. Es empfiehlt sich daher, dass die Lehrperson am Anfang die Gruppen selbst zusammensetzt. Dazu dürfen sich die Schülerinnen und Schüler einen Lernpartner aussuchen, der ihr unmittelbarer Sitznachbar wird. Aus jeweils zwei Lernpaaren setzt die Lehrperson die Basisgruppen zusammen. Dabei sollten Mädchen und Jungen möglichst gemischt und leistungsheterogene Gruppen erzeugt werden. Außerdem sollten weder die beiden größten Feinde noch die besten Freunde zusammen in einer Gruppe sitzen. Um zu verhindern, dass sich bestimmte Freunde immer wieder gegenseitig wählen, gilt die Regel: In der nächsten Basisgruppenphase muss jeder einen neuen Lernpartner wählen! Damit wird sichergestellt, dass die Schülerinnen und Schüler im Laufe des Schuljahres mit vier unterschiedlichen Lernpartnern zusammenarbeiten und es entstehen immer wieder neue Gruppenkonstellationen. Auf diese Weise lernt jeder Schüler mit anderen zusammenzuarbeiten, aber man vermeidet Zusammensetzungen, die zu Unfrieden und Unterrichtsstörungen führen.

Unterstützungs- und Helfersystem

Durch entsprechende Steuerungsmaßnahmen der Lehrperson (vgl. 2.2, 2.4, 2.5 und 5) entwickelt sich im Laufe der Zeit ein System der gegenseitigen Unterstützung und Hilfe - sowohl beim Lernen als auch auf der persönlichen Ebene. Helfen und sich helfen lassen sind Ziele, die angebahnt und geübt werden müssen. Die Gruppenmitglieder lernen Stärken und Schwächen zu akzeptieren und mit Unterschieden umzugehen.

Da die Zusammensetzung der Basisgruppen regelmäßig wechselt, lernen die Schüler mit (fast) allen Klassenkameraden gemeinsam zu arbeiten, ihnen zu helfen und sie zu unterstützen. So weitet sich das Helferprinzip sehr schnell auf den ganzen Klassenverband aus und wird zur Selbstverständlichkeit. Dies fördert in besonderem Maße ein positives Lernklima in der Klasse.

Übernehmen Schülerinnen und Schüler die Rolle des Lehrenden, führt dies zu besonders effektiven und nachhaltigen Verarbeitungsprozessen, die sowohl fachliche Zusammenhänge als auch Arbeits- und Lerntechniken betreffen können. Das Unterstützungs- und Helfersystem kann mit bestimmten kooperativen Lernarrangements gezielt gefördert werden (vgl. Kapitel 4). Die gegenseitige Unterstützung ist eng mit der Positiven Abhängigkeit (vgl. 2.2) verknüpft, die folgende Grafik von Johnson/Johnson[10] zeigt die Beziehungen auf:

[9] Johnson, David W./Johnson, Roger T. 2008: Wie kooperatives Lernen funktioniert. Über die Elemente einer pädagogischen Erfolgsgeschichte. In: Friedrich Jahresheft XXVI 2008. Individuell lernen – Kooperativ arbeiten, S.18ff. Seelze: Friedrich.

[10] Johnson, David W./Johnson, Roger T. 2008: Wie kooperatives Lernen funktioniert. Über die Elemente einer pädagogischen Erfolgsgeschichte. In: Friedrich Jahresheft XXVI 2008. Individuell lernen – Kooperativ arbeiten, S.16–20. Seelze: Friedrich.

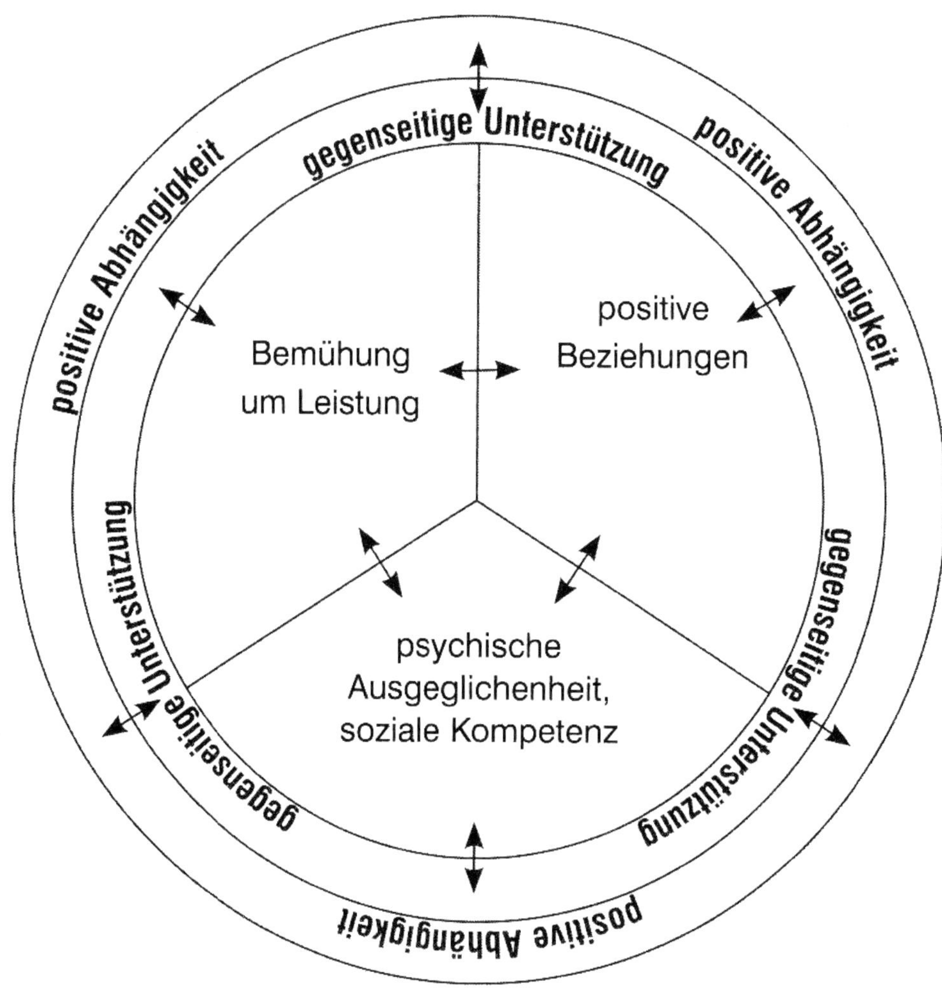

Farbgruppen

In der täglichen Arbeit sind Übereinkünfte innerhalb des Kollegiums wichtig. Die Arbeit mit sogenannten Farbgruppen ist ein Beispiel dafür. Den bestehenden Basisgruppen wird - abhängig von der Sitzordnung – jeweils eine Farbe aus dem Regenbogenspektrum zugewiesen. Damit lassen sich in der Klasse viele Regelungen verknüpfen, indem ein Basisteam für jeweils eine Woche z. B. den Tafel-, Ordnungs- oder Schlüsseldienst übernimmt. Die Aufteilung der Aufgaben regeln die Schülerinnen und Schüler normalerweise untereinander. Die Lehrperson sollte nur bei Schwierigkeiten eingreifen.

Die Farbgruppen haben auch Vorteile in einer unbekannten Klasse. Die Lehrperson kann beispielsweise die „Gelben" für eine Arbeit einteilen oder die „Blauen" beauftragen die Bücher zu holen. Die Schülerinnen und Schüler identifizieren sich mit ihren Farben und fühlen sich somit auch angesprochen. Eine solche Regelung ist auch leichter zu handhaben als die Vergabe von Gruppennamen, die meist nur schwer zu merken sind. Bei den teambildenden Aktivitäten werden die jeweiligen Farben auch zur Identitätsförderung benutzt, etwa indem das Gruppenbild in der entsprechenden Farbe gestaltet wird.

Praxisexkurs: Kooperative Karten

Alle oben genannten Bedingungen unterstützen die Arbeit mit den Kooperativen Karten. Die oben vorgestellte Sitzordnung zum Beispiel ermöglicht einen schnellen Einsatz dieser Arbeitsform ohne umständliches Umräumen. Die Arbeit mit den Kooperativen Karten weist Parallelen zu teambildenden Maßnahmen auf: Die Gruppenmitglieder erleben gegenseitige Unterstützung und den Aufbau von Synergie. Die Lösung kann nur mit der Hilfe aller Gruppenmitglieder gefunden werden, also trägt jeder etwas zum Erfolg der Gruppe bei. Ein solches Erlebnis trägt dazu bei, ein Gefühl von Gruppenzusammengehörigkeit zu entwickeln.

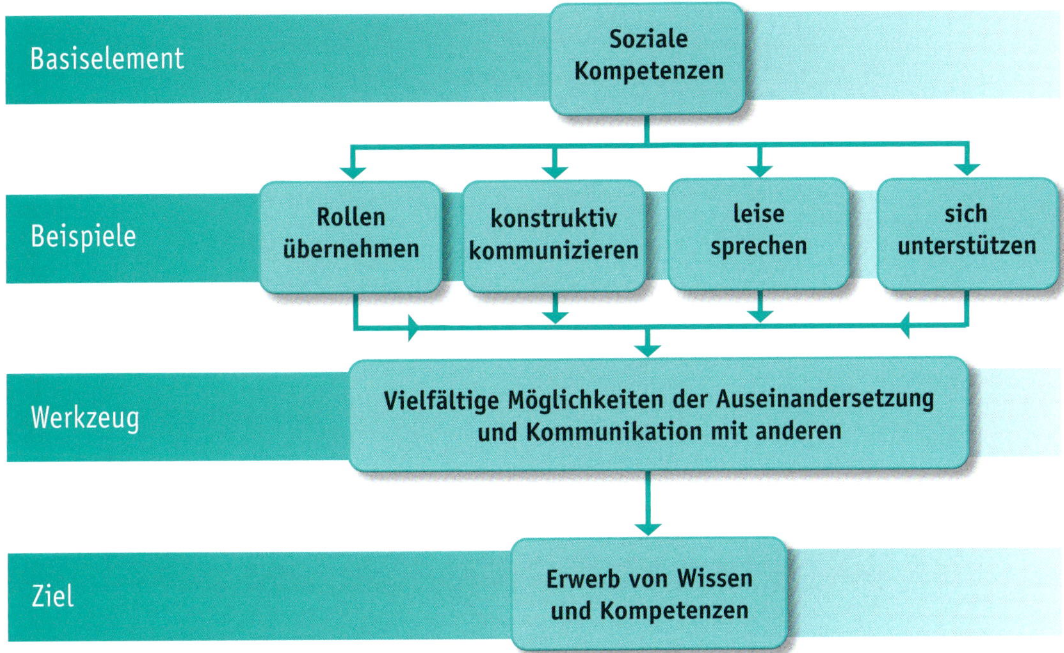

2.4 Soziale Kompetenzen

Die Sozialkompetenz gehört neben der Fach-, Selbst- und Methodenkompetenz zum erweiterten Kompetenzmodell. Diese Zusammensetzung aus fachlichen und überfachlichen Kompetenzen entspricht einem erweiterten, ganzheitlichen Lernbegriff (vgl. auch Kapitel 5), der auch in den Richtlinien verankert ist. Kooperatives Lernen führt in Hinblick auf das Kompetenzmodell zu verbesserten Lernergebnissen. In wissenschaftlichen Studien konnte ein deutlicher Zuwachs an Fach-, Selbst-, Methoden- und Sozialkompetenz nachgewiesen werden.[11]

Kompetenzmodell

Das Kooperative Lernen nimmt die Förderung der Sozialen Kompetenzen ganz besonders in den Blick und wird damit der Tatsache gerecht, dass Lernen ein sozialer Prozess ist (vgl. Kapitel 1). Im Kooperativen Lernen sind die Sozialen Kompetenzen ein gleichrangiger Lerninhalt, der eine sensible Planung erforderlich macht und kontinuierlich im Unterricht vermittelt wird, denn Kooperation kann nur gelingen, wenn bestimmte Soziale Kompetenzen auf Schülerseite zur Verfügung stehen. Auch der Blick in die Kernlehrpläne Mathematik zeigt den Stellenwert dieser Kompetenzen: „Sie (die Schüler) entwickeln personale und soziale Kompetenzen, indem sie lernen

- gemeinsam mit anderen mathematisches Wissen zu entwickeln und Probleme zu lösen (Kooperationsfähigkeit als Voraussetzung für gesellschaftliche Mitgestaltung) sowie
- Verantwortung für das eigene Lernen zu übernehmen und bewusst Lernstrategien einzusetzen (selbstgesteuertes Lernen als Voraussetzung für lebenslanges Lernen).“[12]

Auch die Umsetzung der Leitideen und der damit verknüpften Kompetenzen, wie sie die KMK[13] für Mathematik formuliert hat, erfordern soziale Fähigkeiten. Dabei sind neben allen anderen insbesondere zu nennen:

- Mathematisch argumentieren (K1)
- Kommunizieren (K6)

[11] vgl. Brüning/Saum, Erfolgreich unterrichten durch Kooperatives Lernen Band 2, Essen 2009, S. 150ff.

[12] Kernlehrplan Mathematik NRW. Frechen 2007. S. 11

[13] KMK-Beschluss vom 4. Dezember 2003

Sind soziale Kompetenzen ganz oder in Teilen nicht vorhanden, ist der Erfolg der Arbeit gefährdet. Deshalb ist die Anbahnung und das Training der Sozialen Kompetenzen in jeder Stunde speziell in der Anfangsphase des Kooperativen Lernens bewusst zu planen. Werden bei der Partner- oder Gruppenarbeit Defizite in bestimmten Bereichen sichtbar, ist es wichtig, diese im Unterricht aufzugreifen und durch geeignete Maßnahmen gegenzusteuern. Bei Tobias Saum und Ludger Brüning[14] und speziell bei Margit Weidner[15] finden sich entsprechende Hinweise und Material für die Förderung der Sozialen Kompetenzen im Unterricht.

Ein zentrales Element zur Förderung von Sozialen Kompetenzen ist die Vergabe von Rollen (vgl. 2.2), denn die Übernahme von klar definierten Rollen überträgt den Schülerinnen und Schülern eine Mitverantwortung für den Unterrichtsprozess. Je erfolgreicher die Rollen ausgeübt werden, desto besser und schneller verlaufen die Arbeits- und Lernprozesse. Insbesondere soziale Rollen sind für den Umgang untereinander sehr förderlich.

Praxis-Exkurs: Kooperative Karten

Bei der Arbeit mit den Kooperativen Karten werden Soziale Kompetenzen benötigt. Für andere Gruppen- oder Partnerarbeiten gilt Vergleichbares. Um die Arbeit mit den Kooperativen Karten erfolgreich gestalten zu können, müssen die Schülerinnen und Schüler:

- Regeln befolgen
- gedämpfte leise Stimmen benutzen
- andere ausreden lassen
- aktiv und aufmerksam zuhören
- abwarten können
- bei der Sache bleiben
- Gedankengänge aufgreifen und weiterführen
- Konflikte angemessen lösen
- respektvoll und wertschätzend miteinander umgehen
- niemanden ausschließen

[14] Saum/Brüning, Erfolgreich unterrichten durch Kooperatives Lernen, Essen 2006. S. 134ff.

[15] Margit Weidner: Kooperatives Lernen im Unterricht. Das Arbeitsbuch. Seelze 2003. S. 91ff.

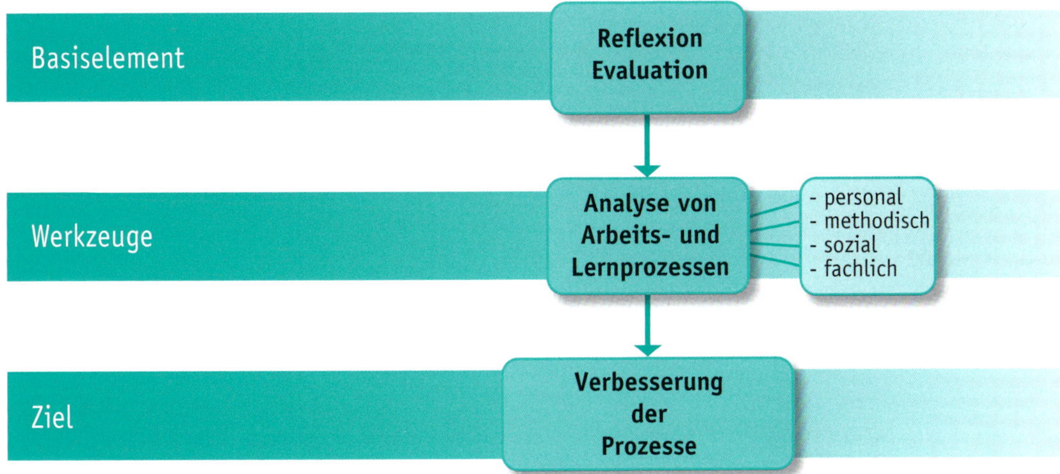

2.5 Reflexion und Evaluation

Unterricht soll so angelegt sein, dass die Lernenden sich ihres Lernens und insbesondere ihrer Lernstrategien bewusst werden. Die Evaluation und Reflexion von Arbeits- und Lernprozessen, von Ergebnissen und von Kooperation gehören deshalb zum Kooperativen Lernen unabdingbar dazu. Dabei finden auf Schülerseite Selbst- und Fremdreflexion statt, während die Lehrperson eine Fremdeinschätzung vornimmt. Grundsätzlich geht es darum, individuelle und gemeinsame Anstrengungen zu beurteilen und darüber in den Austausch zu kommen, um Verbesserungen anzustreben. Dabei können folgende Fragen eine Rolle spielen:

- Haben wir unser Ziel erreicht?
- Welche Handlungen waren hilfreich/ nicht hilfreich?
- Wie gut funktioniert die Zusammenarbeit?
- Welche Verhaltensweisen waren förderlich bzw. hinderlich?
- Wie groß ist der Lernzuwachs des Einzelnen und der Gruppe?
- Was kann/sollte geändert bzw. verbessert werden?
- ...

Diese Prozesse sind so wichtig und die einzelnen Bereiche sind so vielschichtig, dass ihnen eigenes Kapitel (vgl. Kapitel 5) gewidmet ist. Dort gibt es konkrete Anleitungen und Anregungen, wie ein effektiver Evaluationsprozess im Unterricht ablaufen könnte. Außerdem halten die folgenden Kapitel (vgl. Kapitel 4 und 5) konkrete Vorschläge und Beispiele für eine effektive Reflexion und Evaluation bestimmter methodischer Elemente bereit.

Studien von Johnson und Johnson[16] haben die Wirksamkeit des sogenannten group processing bestätigt. Es wurden dabei die Lernerfolge bei Kooperativem Lernen mit anschließender Reflexion und Kooperativem Lernen ohne Reflexion sowie individuellem Lernen miteinander verglichen: Es zeigte sich, dass sich Kooperatives Lernen mit anschließender Reflexion und Evaluation auf die Lernergebnisse aller Schülerinnen und Schüler positiv auswirkt.

Praxis-Exkurs: Kooperative Karten

Anhand der Kooperativen Karten lässt sich beispielhaft zeigen, wie eine solche Reflexion im Unterricht umgesetzt werden und gelingen kann. Die folgenden Vorlagen sind für den Beginn der Arbeit in Gruppen und mit den Kooperativen Karten angelegt. Für fortgeschrittene Gruppen finden sich weitere Vorlagen in Kapitel 5.

Im Anschluss an eine Gruppenarbeit mit Kooperativen Karten bekommen die Schülerinnen und Schüler einen Bogen zur Einzelreflexion. Diese Einzelarbeitsphase ist sehr wichtig, jeder

[16] vgl. Johnson, D.W., Johnson, R.T.: The new Circles of Learning. Cooperation in the Classroom and School. Alexandria/ VA 1994.

Schüler bekommt dabei Gelegenheit seine persönlichen Gedanken zu ordnen und ein eigenes Statement festzuhalten. Danach erfolgt die Gruppenreflexion, dabei nutzt die Gruppe den Gruppenreflexionsbogen. Es kann sich in der Anfangsphase des kooperativen Arbeitens als sinnvoll erweisen, danach eine kurze gemeinsame Reflexion in der Klasse anzuschließen. Dies alles erfordert natürlich Zeit. Daher ist eine Doppelstunde zur Durchführung einer Gruppenarbeit mit Kooperativen Karten mit Präsentation und anschließender Reflexion ein angemessener Zeitrahmen.

In Rahmen einer solchen Reflexion sollten die Gruppen-Atmosphäre, die Zufriedenheit mit der Arbeit und dem Ergebnis, die Übernahme von Rollen und die Einhaltung der Regeln in den Blick genommen werden. Wichtig ist natürlich auch Verbesserungsmöglichkeiten aufzuzeigen und Ziele für die nähere Zukunft zu formulieren.

Die folgenden Bögen ermöglichen die Reflexion der Arbeit mit den Kooperativen Karten. Dabei ist eine Vorlage skaliert aufgebaut, während der andere Bogen freies Schreiben ermöglichen soll. Speziell jüngere Schülerinnen und Schüler benötigen für das freie Schreiben sehr viel Zeit. Trotzdem kann es sinnvoll sein, die Schülerinnen und Schüler ausführlich zu bestimmten Prozessen Stellung nehmen zu lassen.

Ein skalierter Bogen ist dagegen schneller zu bearbeiten. Dieser Reflexionsbogen weist eine Einteilung in 4 Stufen auf: ++ / + / - / —

Forschungsergebnisse zeigen, dass Bögen mit einer geraden Anzahl von Auswahlmöglichkeiten eine stärkere Auseinandersetzung mit der Fragestellung fördern. Bei einer ungeraden Anzahl von Auswahlmöglichkeiten wird nämlich überdurchschnittlich häufig die Mitte angewählt. Bei einer geraden Anzahl muss eine Entscheidung zwischen eher gut oder eher schlecht getroffen werden.

Reflexion Kooperative Karten 1

Einzelreflexion

1. Bist du mit deiner Arbeit und mit dem Ergebnis zufrieden?

____

____

____

2. Gibt es etwas, was du in Zukunft besser machen könntest?

____

____

____

Gruppenreflexion

1. Haben wir die Regeln befolgt?

____

____

____

2. Sind wir insgesamt mit dem Gruppenergebnis zufrieden?

____

____

____

3. Können wir etwas für die Zukunft verbessern?

____

____

____

4. Unsere Ziele für die weitere Arbeit:

____

____

____

Unterschriften:

COPY

Reflexion Kooperative Karten 2

Einzelreflexion:

Wie habe ich mich in der Gruppe gefühlt?

Sehr wohl ++	wohl +	unwohl -	Sehr unwohl --

Bin ich mit meiner Arbeit und mit dem Ergebnis zufrieden?

Sehr zufrieden ++	zufrieden +	unzufrieden -	Völlig unzufrieden --

Habe ich meine Rolle erfolgreich ausgeübt?

Sehr gut ++	gut +	weniger gut -	garnicht --

Gibt es etwas, was ich noch besser machen könnte?

____

____

____

Gruppenreflexion:

Wie haben wir uns in der Gruppe gefühlt?

Sehr wohl ++	wohl +	unwohl -	Sehr unwohl --

Sind wir insgesamt mit dem Gruppenergebnis zufrieden?

Sehr zufrieden ++	zufrieden +	unzufrieden -	Völlig unzufrieden --

Wie hat unsere Zusammenarbeit geklappt? Haben wir die Regeln befolgt?

Sehr gut ++	gut +	nicht -	Gar nicht --

Können wir in Zukunft noch etwas verbessern?

____

Unsere Ziele für die weitere Zusammenarbeit:

____

3. Das Grundprinzip des Kooperativen Lernens

Das Grundprinzip Denken - Austauschen - Vorstellen gibt kooperativen Lernarrangements die entscheidende Struktur.[17] Es verbindet zwei Bausteine erfolgreichen Lernens: den individuellen Lernprozess des Einzelnen und das Lernen in der Gemeinschaft (vgl. 1.1).

1. Denken

Zuerst erfolgt die individuelle Auseinandersetzung jedes Einzelnen mit der Aufgabe. (EA)

2. Austauschen

Es folgen ein Austausch/Vergleich der Ergebnisse und die Weiterarbeit in Partner- und/oder in Gruppenarbeit. (PA/GA)

3. Vorstellen

Am Schluss steht der Schritt in die Öffentlichkeit: Die Ergebnisse werden in einer größeren Gruppe und/oder in der Klasse vorgestellt. (PL)

4. Sicherung

Danach muss eine Phase der Sicherung folgen.

5. Weiterarbeit

Anschließend kann in der Klasse mit den Ergebnissen weiter gearbeitet werden.

[17] Für eine vertiefende Beschäftigung mit dem Grundprinzip des Kooperativen Lernens: vgl. Saum/Brüning Erfolgreich unterrichten durch Kooperatives Lernen, Essen 2006 , S. 11 ff.

3.1 Vereinbarungen für die unterrichtliche Umsetzung

Die Arbeit im Unterricht wird sehr erleichtert, wenn man mit Schülerinnen und Schülern Vereinbarungen trifft, um effektiv zu kommunizieren. Für die verschiedenen Sozialformen können folgende Abkürzungen bei entsprechenden Arbeitsaufträgen genutzt werden:

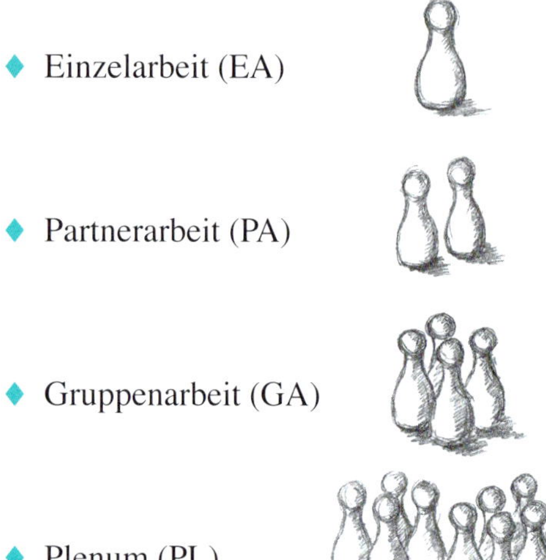

Es kann auch sehr wirksam sein mit den entsprechenden Abbildungen zu arbeiten, dabei werden vor allem die visuellen Lerntypen angesprochen.

Eine weitere Vereinbarung betrifft die Partnerarbeit. Klar definierte Bezeichnungen wie Schulterpartner und Augenpartner machen deutlich, mit welchem Partner innerhalb einer Basisgruppe in dieser Phase gearbeitet werden soll. Der Schulterpartner bezeichnet den Tischnachbarn, mit dem man Schulter an Schulter sitzt. Der Augenpartner sitzt am Gruppentisch direkt gegenüber.

Arbeitsaufträge formulieren

Das Grundprinzip Denken-Austauschen-Vorstellen strukturiert den Unterrichtsprozess und muss in den Arbeitsaufträgen klar erkennbar umgesetzt werden. Bei der Formulierung der Arbeitsaufträge müssen Ziel-, Inhalts- und Methodenentscheidungen[18] berücksichtigt werden: Neben der fachlichen Aufgabenstellung enthält ein kooperativer Arbeitsauftrag präzise Informationen über vorgegebene Denk- bzw. Arbeitszeiten, den Austausch und die Vorstellung der Ergebnisse. Eine angemessene, relativ knapp bemessene Zeitvorgabe ist für die Phasen Denken und Austauschen oft sinnvoll. Entscheidend sind hier jedoch der Leistungsstand und das Lerntempo der Klasse.

Arbeitsaufträge werden arbeitsgleich oder arbeitsteilig angelegt, je nachdem ob die Aufgaben oder Probleme, die zu lösen sind, gleich sind oder sich unterscheiden. Die Lehrperson entscheidet sich bewusst bei der Planung des Unterrichts für eine der beiden Varianten und lässt dies in die Aufgabenstellung einfließen.

Gestaltung der ersten Phase: Denken

Die Einzelarbeit zu Beginn hat folgende Funktionen: Die Schülerinnen und Schüler aktivieren dabei vorhandenes Vorwissen und knüpfen an bisherige Erfahrungen an. In dieser Phase werden die Lernprozesse jedes Einzelnen in Gang gesetzt. Jeder bekommt in dieser Phase ausreichend Gelegenheit sich mit der Aufgabe auseinanderzusetzen. Die Einzelarbeitsphase kann dabei unterschiedlich gestaltet werden. Sie umfasst normalerweise das Lesen der Aufgabe und des Arbeitsauftrages. Dann können beispielsweise Fragen oder Lösungsideen notiert werden. Es kann aber auch sinnvoll sein, dass der Einzelne sich intensiver mit der Aufgabe beschäftigt und eine eigene Lösung erstellt. In diesem Fall muss für diese Phase natürlich mehr Zeit eingeräumt werden. Speziell im Mathematikunterricht ergeben sich oft noch andere Möglichkeiten, es können beispielsweise Zeichnungen oder Modelle angefertigt werden, die später benötigt werden.

[18] Saum, Brüning: Erfolgreich unterrichten mit Kooperativem Lernen, Essen 2006 S. 159ff

Gestaltung der zweiten Phase: Austauschen

Das Individuum lernt besonders effektiv, wenn es seine Ideen mit anderen austauscht, sich von anderen anregen lässt und auch selbst Denkanstöße gibt. Dass dies im Unterricht geschehen kann, wird durch die Austauschphase gewährleistet, die unterschiedlich gestaltet werden kann:

- Arbeitsgleiche oder unterschiedliche Aufgabenformate stellen. Die Entscheidung darüber ist oftmals davon abhängig, was mit der Aufgabe erreicht werden soll und wie weit der Stoff schon im Unterricht vorbereitet worden ist.
- Austausch mit einem oder mit mehreren Partnern durchführen.
- Ergebnisse der Einzelarbeit fließen in eine Gruppenarbeitsphase ein.
- Austausch auf unterschiedlichem Niveau anlegen.
- Mehrere Austauschphasen hintereinander schalten.

Die Austauschphase bietet also vielfältige Umsetzungsmöglichkeiten, die auch miteinander kombiniert werden können.

Gestaltung der dritten Phase: Vorstellen

In der Phase „Vorstellen“ übernehmen die Schülerinnen und Schüler die Rolle des Lehrenden. Dies ist lernbiologisch besonders effektiv und führt zu nachhaltigen Verarbeitungsprozessen. Indem die Arbeitsergebnisse aus der vorherigen Phase für eine Präsentation aufbereitet werden, entsteht eine größere Verarbeitungstiefe im Gehirn. Die Schülerinnen und Schüler müssen vorhandenes Wissen aktivieren und beispielsweise auf bisherige Präsentationserfahrungen zurückgreifen. So werden neue Verknüpfungen in den individuellen mentalen Netzen erzeugt.

Es gibt zwei grundlegend unterschiedliche Formen der Präsentation, nämlich das Vorstellen im Plenum oder in kleineren Gruppen. Welche Form gewählt wird, hängt auch von der Art der Aufgabenstellung ab. Die Präsentation im Plenum kann beispielsweise durch einen Galeriegang[19] erfolgen oder durch das Vorgehen „Einer bleibt, drei gehen“[20] strukturiert werden.

Präsentationen sollten nach dem Zufallsprinzip erfolgen. Das setzt voraus, dass jedes Gruppenmitglied in der Lage sein muss, den Gruppenprozess und das Ergebnis nach außen zu vertreten und zu präsentieren. Dies gewährleistet in besonderem Maße die Übernahme Individueller Verantwortung (vgl. 2.1) im Hinblick auf den eigenen Lernprozess wie auch in Bezug auf das vorzustellende Gruppenergebnis. Es ist in bestimmten Situationen natürlich auch denkbar, die Rolle des Präsentators zu vergeben. Dies ist der Fall, wenn die Präsentationssituation gezielt geübt werden soll. Damit verbunden ist dann das freie und sichere Sprechen vor der Klasse, das Beherrschen des Themas bis hin zur Sicherheit Verständnisfragen beantworten zu können, das Bereitstellen von Material und Medien usw.

Die Fähigkeit zur Präsentation zu entwickeln ist ein langfristiger Prozess, der im Unterricht sorgfältig angeleitet werden muss.[21] Nach einer Präsentationsphase sollte die Reflexion (vgl. 5.4) nicht vernachlässigt werden. Sie hilft zu erkennen, was gut gelungen ist und was noch verbessert werden könnte. So geht es in der Reflexion natürlich auch um die Beurteilung persönlicher Leistungen der Vortragenden, dennoch können alle Schülerinnen und Schülern davon profitieren. Die Fähigkeit positive, ermutigende Kritik zu äußern, ist dabei jedoch von entscheidender Bedeutung. Sollte sie nicht oder unzureichend ausgeprägt sein, muss sie bei der Arbeit an den Sozialen Kompetenzen (vgl. 2.4) in den Blick genommen werden.

Die Schaffung einer sicheren Umgebung für die Präsentierenden ist ebenfalls ein wesentliches Element des Kooperativen Lernens. Dies kann unter anderem durch die Präsentation im Tandem erreicht werden. Dazu darf der jeweilige Präsentator ein anderes Gruppenmitglied auswählen, das ihn in der Präsentation unterstützt. Auf diese Weise entsteht eine größere Sicherheit im Umgang mit Präsentationssituationen.

[19] Saum, Brüning: Erfolgreich unterrichten durch Kooperatives Lernen, Essen 2006, S.48 f
[20] Ebenda S. 51ff
[21] Schülerinnen lernen präsentieren, Klasse 5–11, Lichtenau 2005

Gestaltung der vierten Phase: Sicherung

Kooperatives Lernen endet nicht mit der Phase der Vorstellung. Die unterschiedlichen Möglichkeiten des weiteren Unterrichtverlaufs zeigt die nachfolgende Grafik:

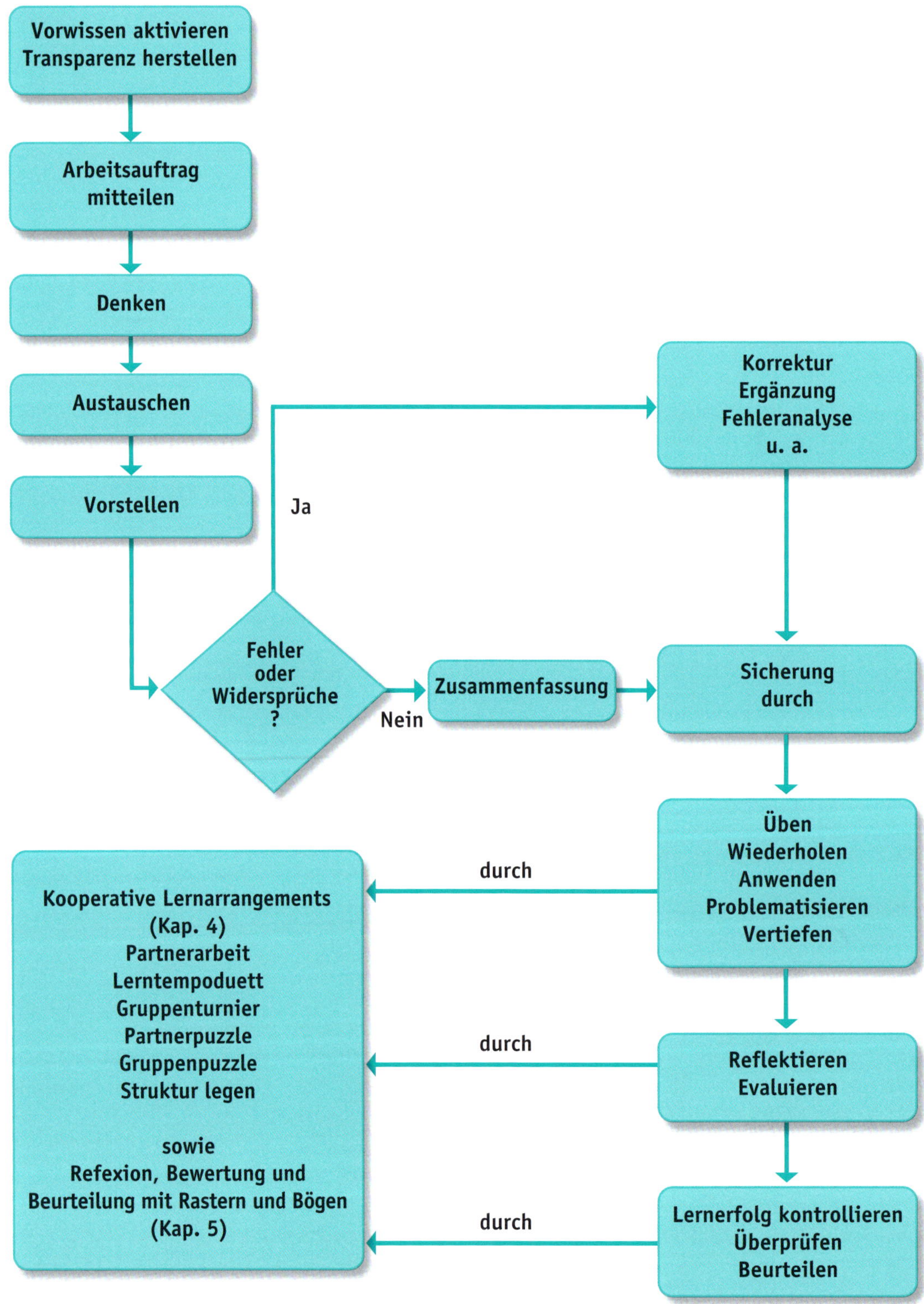

3.2 Beispiele aus dem Unterricht

Die nachfolgenden Beispiele veranschaulichen, wie das Grundprinzip Denken – Austauschen – Vorstellen in den Mathematikunterricht integriert werden kann.

Kegel

Die offene Forschungsaufgabe[22] eignet sich als Einstieg in die unterrichtliche Bearbeitung des Kegels. In der Einzelarbeit fertigen die Schülerinnen und Schüler Modelle an. Dann erfolgt ein erster Austausch mit einem Partner, anschließend eine aus mehreren Teilen bestehende Gruppenarbeit. Den Abschluss bildet die Präsentation der Ergebnisse in Form einer Ausstellung. Dabei stellt entweder eine Gruppe den übrigen ihr Ergebnis vor oder es erfolgt eine Rotation wie etwa beim Galeriegang.

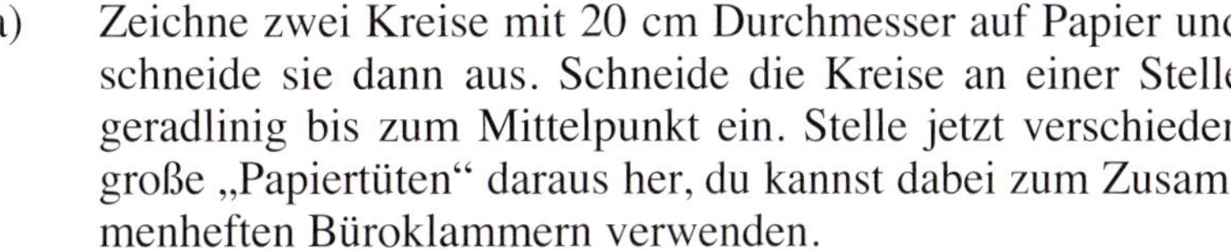

a) Zeichne zwei Kreise mit 20 cm Durchmesser auf Papier und schneide sie dann aus. Schneide die Kreise an einer Stelle geradlinig bis zum Mittelpunkt ein. Stelle jetzt verschieden große „Papiertüten" daraus her, du kannst dabei zum Zusammenheften Büroklammern verwenden.

b) Vergleiche die unterschiedlichen „Papiertüten" mit deinem Schulterpartner. Was haben sie gemeinsam? Worin unterscheiden sie sich?

c) Schätzt gemeinsam ab, welche „Papiertüten" haben wohl das größte Volumen? Wie läßt sich das überprüfen? Haltet eure Überlegungen schriftlich fest.

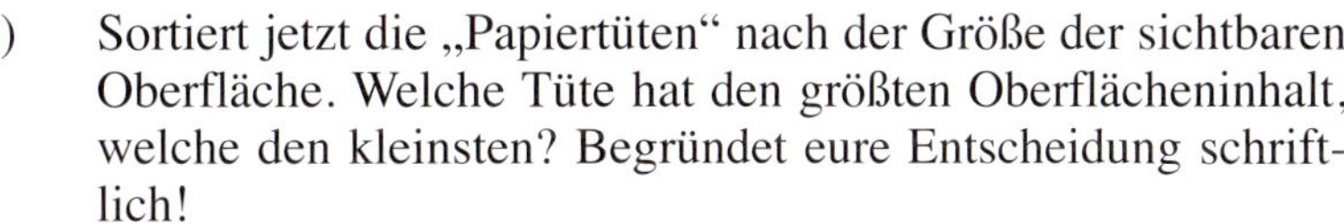

d) Sortiert jetzt die „Papiertüten" nach der Größe der sichtbaren Oberfläche. Welche Tüte hat den größten Oberflächeninhalt, welche den kleinsten? Begründet eure Entscheidung schriftlich!

e) Stellt nun eure Überlegungen im Rahmen einer Ausstellung in der Klasse vor.

[22] Mathematikbuch 9 Lernumgebungen, Ausgabe N, Stuttgart 2011, S. 40

Cheops-Pyramide

Diese Aufgabe setzt Kenntnisse aus dem Bereich der Pyramiden sowie den Satz des Pythagoras voraus. Die Entscheidung, ob eine Pyramidenzeichnung auf das Arbeitsblatt kommt, ist von diesen Vorkenntnissen abhängig. Für viele Schülerinnen und Schüler ist eine solche Visualisierung hilfreich.

In der Einzelarbeit wird ein Schrägbild gezeichnet, werden bekannte Werte eingetragen und erst einmal die Berechnung allein durchgeführt.

Im Anschluss erfolgt der Austausch mit dem Partner A oder B. Das Arbeitsblatt ist so angelegt, dass in zwei Paaren A und B jeweils unterschiedliche Werte der Pyramide berechnet werden. Die Einteilung der Gruppen in die Paare A und B muss dabei vorher erfolgen. Eine Zusammenarbeit mit dem Schulterpartner ist schnell umsetzbar.

In der nun folgenden Gruppenarbeit liegt die besondere Anforderung darin, dem anderen Partnerpaar die eigene Aufgabe und ihre Lösung so zu erklären, dass es in die Lage versetzt wird, die fremde Aufgabe in der Vorstellungsphase an der Tafel oder auf Folie zu präsentieren. Falls diese Anforderung für die Schülergruppe zu anspruchsvoll ist, kann auch die eigene Aufgabe präsentiert werden.

Galtonbrett

Diese Aufgabe dient zur Einführung in die Binomialverteilung. Sie kann aber auch eingesetzt werden, wenn die Schülerinnen und Schülern bereits über Kenntnisse zur Binomialverteilung verfügen.

In der Einzelarbeit stellen die Schülerinnen und Schüler erste Überlegungen zur Wahrscheinlichkeit der Ergebnisse an. Diese Phase sollte nicht zu lang sein. Dann erfolgt ein Vergleich mit dem Schulterpartner, anschließend eine aus mehreren Teilen bestehende Gruppenarbeit. Die Gruppen fertigen ein Werbeplakat an, auf dem die Ergebnisse für einen Galeriegang[23] festgehalten werden. Die Herstellung des Plakats und die Durchführung des Galeriegangs erfordern natürlich eine gewisse Zeit, so dass eine Doppelstunde für diese Aufgabe ein geeigneter Zeitrahmen ist. Sollte nicht genügend Zeit zur Verfügung stehen, kann eine andere Präsentationsform gewählt werden. Ausgewählte Gruppen können beispielsweise im Plenum ihre Ergebnisse vorstellen.

[23] Saum, Brüning: Erfolgreich unterrichten durch Kooperatives Lernen, Essen 2006 , S.48 f

Cheops-Pyramide

Arbeitsauftrag A

Die Cheops-Pyramide ist die größte der Pyramiden von Gizeh. Sie hat eine quadratische Grundfläche, deren Kantenlänge ursprünglich einmal ca. 230,4 m betrug. Die ursprüngliche Höhe der Pyramide betrug ca. 146,6 m.

a) Zeichne ein Schrägbild der Cheops-Pyramide und färbe die bekannten Maße farbig ein. Berechne nun die Länge der Höhe h_s eines Seitendreiecks der Pyramide.

b) Vergleiche deine Lösung mit deinem Schulterpartner. Einigt euch auf eine Lösung.

c) Stellt euch in eurer Gruppe gegenseitig eure Aufgaben und deren Lösungen vor. Paar A beginnt, danach folgt B. Klärt eventuelle Schwierigkeiten so ab, dass jedes Gruppenmitglied in die Lage versetzt wird, beide Aufgaben und ihre Lösungen vorstellen zu können.

d) Ein zufällig ausgewähltes Gruppenmitglied stellt die Aufgabe A vor und ein anderes stellt B vor.

Arbeitsauftrag B

Die Cheops-Pyramide ist die größte der Pyramiden von Gizeh. Sie hat eine quadratische Grundfläche, deren Kantenlänge ursprünglich einmal ca. 230,4 m betrug. Die ursprüngliche Höhe der Pyramide betrug ca. 146,6 m.

a) Zeichne ein Schrägbild der Cheops-Pyramide und färbe die bekannten Maße farbig ein. Berechne nun die Länge der Seitenkante s der Pyramide.

b) Vergleiche deine Lösung mit deinem Schulterpartner. Einigt euch auf eine Lösung.

c) Stellt euch in eurer Gruppe gegenseitig eure Aufgaben und deren Lösungen vor. Paar A beginnt, danach folgt B. Klärt eventuelle Schwierigkeiten so ab, dass jedes Gruppenmitglied in die Lage versetzt wird, beide Aufgaben und ihre Lösungen vorstellen zu können.

d) Ein zufällig ausgewähltes Gruppenmitglied stellt die Aufgabe A vor und ein anderes stellt B vor.

COPY Galton Brett

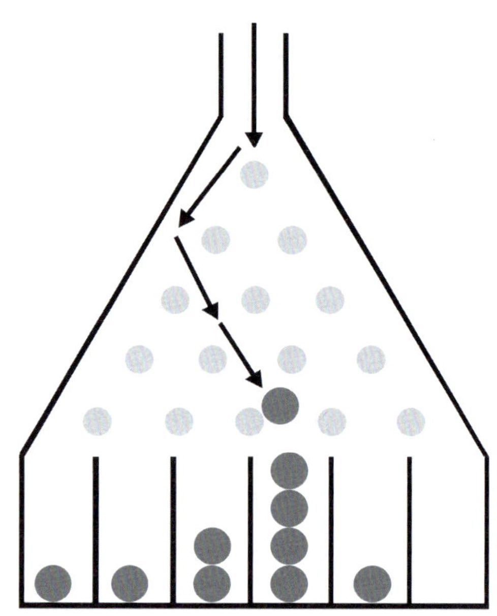

Aufgabe:

Die Klasse 8a will beim diesjährigen Schulfest ein Glücksspiel anbieten. Geplant ist, den erzielten Gewinn in die Klassenkasse zu geben.

Ein Galtonbrett soll als Spielautomat dienen. Die Kugeln rollen dabei von oben gegen die Hindernisse, werden dabei nach rechts oder links abgelenkt und landen schließlich in den Fächern 1 bis 6.

Die Klasse testet den Spielautomat vorher und stellt fest, dass die Kugeln deutlich häufiger in die mittleren Fächer fallen als nach außen. Deshalb sollen für die verschiedenen Fächer unterschiedliche Gewinne bzw. Nieten festgelegt werden. Die Klasse einigt sich auf einen Einsatz von 1 € pro Spiel.

a) Schätze ab, mit welcher Wahrscheinlichkeit die Kugeln bei diesem Glücksspiel in die verschiedenen Fächer fallen. Halte deine Überlegungen schriftlich fest.

b) Vergleiche deine Lösung mit deinem Schulterpartner. Einigt euch auf eine Lösung.

c) Stellt euch in eurer Gruppe gegenseitig eure Lösungen vor. Entwickelt gemeinsam einen Vorschlag für eine Gewinnverteilung, die zu euren Wahrscheinlichkeiten passt und die für die Klasse 8a einen Gewinn für die Klassenkasse erwarten lassen.

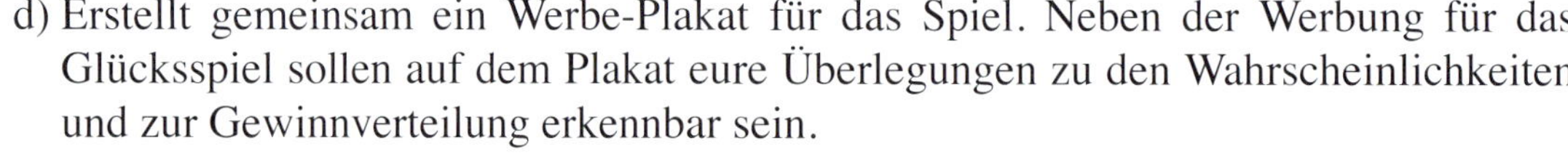

d) Erstellt gemeinsam ein Werbe-Plakat für das Spiel. Neben der Werbung für das Glücksspiel sollen auf dem Plakat eure Überlegungen zu den Wahrscheinlichkeiten und zur Gewinnverteilung erkennbar sein.

e) In einem Museumsgang werden alle Plakate vorgestellt. Jedes Gruppenmitglied wird dabei einmal das eigene Plakat präsentieren.

4. Kooperative Lernarrangements

Effektives Lernen im Unterricht ist ein strukturierter Prozess, zu dem Aufgaben und kooperative Lernarrangements durch ihre spezifischen Funktionen beitragen können. Dabei gilt es, die Planung und Durchführung des Unterrichts an den zentralen Unterrichtsfunktionen in Mathematik auszurichten:

- Wissen durch Erkunden und Entdecken aufbauen,
- Wissen durch selbständiges Erarbeiten erwerben,
- Wissen durch Üben, Vertiefen und Wiederholen festigen,
- erworbenes Wissen systematisieren, vernetzen und sichern,
- erworbenes Wissen überprüfen.

Die Funktion des Überprüfens (und Diagnostizierens) wird in Kapitel 5 aufgegriffen.

Die folgenden kooperativen Lernarrangements sind für den Mathematikunterricht besonders geeignet und können zum größten Teil bereits in der Anfangsphase des Kooperativen Lernens eingesetzt werden. Darüber hinaus werden aber auch Lernarrangements für fortgeschrittene Lerngruppen in den Blick genommen.

4.1 Partnerarbeit

Funktionen im Unterricht

- Erkunden von Assoziationen, neuen Perspektiven und anderen Möglichkeiten
- Sammeln von Vorwissen
- Wiederholen
- Probleme bearbeiten und lösen

Vorbemerkung

Partnerarbeit lässt sich gut mit anderen Unterrichtsmethoden verknüpfen, ist leicht zu planen und umzusetzen. Sie kann durch ihre normalerweise begrenzte Dauer in alle kooperativen Lernarrangements integriert werden. Partnerarbeit eignet sich nicht nur für das Üben und Festigen, für das Wiederholen und Kontrollieren von Gelerntem, sondern fördert auch die Entwicklung der „Sozialen Fähigkeiten" (vgl. 2.4). In der Anfangsphase des Kooperativen Lernens können und müssen mit Hilfe von Partnerarbeitsphasen Fähigkeiten eingeübt und erworben werden. Dazu gehören zum Beispiel:

- sich gegenseitig ausreden lassen,
- dem anderen zuhören,
- Absprachen treffen,
- gemeinsam eine Aufgabe zu Ende führen,
- sich gegenseitig helfen,
- die Arbeiten von anderen schätzen lernen,
- sich gegenseitig Respekt erweisen.

Umgekehrt gilt, dass Partnerarbeit nicht funktionieren kann, wenn sich die einzelnen Partner egoistisch oder unkollegial verhalten.

Speziell für den Mathematikunterricht ist es bedeutsam, dass Lösungen immer von beiden Seiten besprochen und in eigenen Worten wiedergegeben werden, dass sie erst nach der Suche von Alternativen gemeinsam formuliert und festgehalten werden. Unter diesen Bedingungen verwandeln sich Lernende in Lehrende, die bewusst dem anderen helfen und ihn unterstützen. Diese wechselseitige Erfahrung ist der positive Kern einer gelingenden Partnerarbeit.

„(...) Das Mathematiklernen auf eigenen Wegen bedarf des Austauschs mit anderen und des Aushandelns von Sichtweisen, Vorstellungen und Lösungswegen. Mathematisches Wissen entwickelt sich grundsätzlich im Kontext sozialer und individueller Deutungsprozesse. (...) Die wechselseitigen Interpretationen der Beteiligten lassen im Gespräch ein als gemeinsam-geteilt geltendes Verständnis über die mathematischen Zeichen, Strukturen, Objekte und Kontexte entwickeln. Die soziale Integration des eigenen Wissens, die sich im fachbezogenen Austausch mit anderen Kindern äußert, stellt zudem eine wesentliche Bedeutung für den Aufbau und die Aufrechterhaltung der Lernbereitschaft dar. So ist die Reflexion eigener Ideen und der Vorstellungen anderer Kinder ein wesentliches Moment selbst gesteuerten Lernens, die Kinder werden sich des eigenen Lernens bewusster und erweitern das eigene Wissen. Das Wissen wird flexibler und vom Kontext unabhängiger, indem eigene Ideen sprachlich verständlich erläutert und argumentativ ausgetauscht werden und man sich zugleich mit anderen Perspektiven auseinandersetzt."[24]

[24] Marcus Nührenbörger/Lilo Verboom: Mathematikunterricht in heterogenen Klassen im Kontext gemeinsamer Lernsituationen. Modul G 8: Eigenständig Lernen – Gemeinsam Lernen. S. 16. Zitiert nach http://bildungsserver.berlin-brandenburg.de/fileadmin/bbb/schulqualitaet/modell_und_schulversuche/SINUS-Grundschule-Berlin/module/mathematik/Modul8.pdf

Es ist wichtig, im Voraus zu klären, ob die Schülerinnen und Schüler über ausreichend personale, soziale und methodische Kompetenzen für diese Arbeitsweise verfügen. Falls dies nicht der Fall ist, sollten gemeinsam mit den Schülerinnen und Schüler Regeln für die Partnerarbeit erarbeitet werden, die eingeübt, überprüft und kontrolliert werden (Wirksamkeit). Im Anschluss daran sollte eine Reflexion (vgl. 5.4.3) der beiden Partner über die gemeinsame Arbeit erfolgen. Der „Reflexionsbogen für die Partnerarbeit" richtet deshalb die Aufmerksamkeit der Schülerinnen und Schülern auf das Beziehungsklima und den Arbeitsprozess. Dieser Bogen ist auch für die Anfangsphase von Partnerarbeit geeignet. Mit Hilfe einer solchen Reflexion lassen sich dann personale, soziale und methodische Fähigkeiten beider Partner weiterentwickeln.

Neben der so wichtigen Abwechslung in den Unterrichtsmethoden spricht besonders der aktive, lernfördernde eigene Beitrag zum Lern- und Arbeitsergebnis für den Einsatz von Partnerarbeit. Bei dieser Arbeitsform geht es nicht um Schnelligkeit oder Richtigkeit, sondern um die Erfahrung gemeinschaftlich eine Lösung zu finden, die zu zweit komplexer durchdrungen werden kann als in Einzelarbeit.

Folgende Arbeitsphasen innerhalb des Mathematikunterrichts eignen sich in besonderem Maße für eine Partnerarbeit: Die Schülerinnen und Schüler

- vergleichen und korrigieren gegenseitig die Hausaufgaben oder andere Aufgaben aus dem Unterricht;
- beraten sich bei Problemlöseaufgaben;
- beraten sich in Situationen, in denen Entscheidungen getroffen werden müssen;
- beraten sich bei Bewertungsvorgängen;
- helfen sich gegenseitig bei Fragen und Schwierigkeiten (Helfer- und Unterstützungssystem).

Durchführung

In der Partnerarbeit werden zwei Grundtypen unterschieden: der themengleichen (arbeitsgleichen) und der themendifferenzierten (arbeitsteiligen) Arbeitsform. Die themendifferenzierte Arbeitsform bietet sich zum Beispiel an, um ein komplexeres Thema zu bearbeiten, das in Unterthemen gegliedert wird und an die Partner zur Bearbeitung verteilt wird.

Auch für die Partnerarbeit muss die Aufgabenstellung (vgl. 3) klar und verständlich formuliert und gut in den Unterrichtsverlauf eingebettet sein. In der Regel ist eine Dauer zwischen fünf und zwanzig Minuten für eine Partnerphase mit eingeschränktem Themenhorizont sinnvoll.

Tipps für den Unterricht

- **Sitznachbar:** Die Partnerarbeit mit dem jeweiligen Sitznachbarn (Schulterpartner) lässt sich schnell und unproblematisch durchführen. So können zum Beispiel die Lösungen der Hausaufgaben zuerst mit dem Schulterpartner besprochen werden, im Plenum werden dann nur noch Aufgaben besprochen, bei denen Unklarheiten geblieben sind. Auf diese Weise kann der individuelle Anteil an der Besprechung der Hausaufgaben enorm gesteigert werden.
- **Vertrauliches Gespräch:** In einigen Klassen ist der Lautstärkepegel bei der Partnerarbeit relativ hoch, hier lohnt es sich gemeinsam mit den Schülerinnen und Schülern die Gesprächskultur zu verbessern. Die Partnerarbeit verläuft wie ein vertrauliches Gespräch, man sitzt nahe beieinander und unterhält sich im Flüsterton. Jüngeren Schülerinnen und Schülern hilft dabei die Vorstellung, sich gegenseitig Geheimnisse anzuvertrauen.
- **Verabredungen:** Um eine geordnete und schnelle Zusammenarbeit mit unterschiedlichen Partnern außerhalb der eigenen Basisgruppe zu ermöglichen, bekommen die Schülerinnen und Schüler einen Verabredungskalender. Die Anzahl der Verabredungen kann durch die Anzahl der vorgegebenen Uhrzeiten variiert werden. In diesen Kalender werden für alle Uhrzeiten Verabredungen mit unterschiedlichen Partnern eingetragen. Zusätzlich kann die Bedingung vorgegeben werden, dass Partner gewählt werden müssen, die nicht aus der eigenen Gruppe sind (alternativ: Jungen wählen Mädchen und umgekehrt). Da es einige Zeit in Anspruch nimmt, die Verabredungen in der Klasse zu organisieren, kann ein einmal abgesprochener Verabredungskalender über einen längeren Zeitraum verwendet werden. Mit

Hilfe des Kalenders können im Rahmen einer Partnerphase schnell eine oder mehrere Paarungen erzeugt werden, indem die Lehrperson die Schülerinnen und Schüler auffordert, sich zum Beispiel für die Bearbeitung einer Aufgabe mit ihrer Verabredung „12 Uhr" zu treffen und danach die Ergebnisse mit „13 Uhr" zu vergleichen.

4.1.1 Doppelkreis

Funktionen im Unterricht

- Üben
- Wiederholen
- Vertiefen

Durchführung

Die Schülerinnen und Schüler bekommen unterschiedliche Aufgaben zugewiesen und bearbeiten diese in Einzelarbeit. Dann stellen sie sich gegenüber in einem Außen- und Innenkreis auf, so dass jeder genau einen Gesprächspartner hat, der eine andere Aufgabe bearbeitet hat. Die Partner besprechen diese Aufgaben gemeinsam, bis sich - auf ein vereinbartes Zeichen hin - der Außen- oder Innenkreis genau einen Platz weiter dreht. So entsteht eine neue Paarung. Die Arbeitszeit pro Paarung sollte relativ kurz bemessen sein, um zügiges Arbeiten zu gewährleisten und viele verschiedene Paarungen zu ermöglichen. Sollen die Schülerinnen und Schüler Notizen machen, werden eine feste Unterlage und Schreibzeug benötigt.

Insgesamt hat der Doppelkreis viele flexible Einsatzmöglichkeiten. Nachdem die Schülerinnen und Schüler z. B. für eine Übungsphase eigene Aufgaben entwickelt und gelöst haben, werden diese Aufgaben im Doppelkreis vom jeweiligen Gegenüber gelöst. So gelingt innere Differenzierung ganz von selbst, die Schülerinnen und Schüler arbeiten mit unterschiedlichen Partnern, bearbeiten dabei Aufgaben von unterschiedlichstem Schwierigkeitsgrad und stellen sich gemeinsam auf das gewählte Niveau ein. Leistungsschwächere werden Aufgaben mit einem geringeren Schwierigkeitsgrad formulieren, so dass sich schnell ein Erfolgserlebnis einstellen kann: Der Partner wird die Aufgabe wahrscheinlich selbstständig lösen können. Leistungsstarke Schülerinnen und Schüler werden ihre Aufgaben wahrscheinlich so formulieren, dass ihr Gegenüber möglicherweise Schwierigkeiten bei der Lösung hat. Die Herausforderung besteht deshalb darin, die Aufgabe dem leistungsschwächeren Schüler zu erklären. Das Erfolgserlebnis besteht insofern nicht zwangsläufig darin, dass der Partner die Aufgabe selbstständig lösen kann, sondern dass er sie verstehen und nachvollziehen kann. Für die eigene Aufgabe sind die Schülerinnen und Schüler im Doppelkreis zusätzlich in der Rolle des Lehrenden tätig. Bei einer großen Anzahl von Schülerinnen und Schüler scheitert die Durchführung eines Doppelkreises leider am enormen Platzbedarf.

Alternatives Vorgehen

- **Speed Dating:** Um die Vorteile des Doppelkreises zu erhalten und Platzproblemen aus dem Wege zu gehen, kann die folgende Variante erfolgreich eingesetzt werden. Die Schülerinnen und Schüler stehen nicht in einem Doppelkreis, sondern sitzen sich an Tischen gegenüber. Wie beim Speed Dating geben auch hier feste Zeitintervalle einen Wechselrhythmus vor. Nachdem eine Aufgabe in der ersten Paarung bearbeitet worden ist, rutscht die Reihe einen Platz weiter. Ob dies nach rechts oder links erfolgt, ist abhängig von den Platzverhältnissen. Der letzte Schüler in der Reihe wechselt dann an das vordere Ende. Ob der Wechsel über eine Tischreihe hinaus innerhalb der ganzen Klasse erfolgen kann, hängt von den Platzverhältnissen im Klassenraum und von der Erfahrung der Klasse mit diesem Lernarrangement ab.

4.1.2 Partner-Check

Funktionen im Unterricht

- Üben
- Wiederholen
- Vertiefen

Vorbemerkung

Der Partner-Check ist besonders geeignet für Aufgaben, deren Bearbeitung und Besprechung einen geringen Zeitaufwand erfordern. Die Schülerinnen und Schüler arbeiten in Partnerarbeit mit sogenannten Tandembögen und korrigieren sich gegenseitig. Dabei nehmen sie verschiedene Rollen wahr: Einer nennt das Ergebnis seiner Aufgabe, der andere kontrolliert mit Hilfe seines Bogens die Lösung. In der nächsten Phase werden die Rollen getauscht. Die Ergebniskontrolle wird dadurch erleichtert, dass die Ergebnisse auf dem entsprechenden Teil des Tandembogens vorgegeben sind.

Durchführung

Die beiden Schulterpartner arbeiten miteinander im Tandem. Jeder Schüler erhält die Hälfte eines Tandembogens zur Bearbeitung.

1. Individuelle Erarbeitungsphase: Die Schülerinnen und Schüler bearbeiten ihre Aufgaben in Einzelarbeit. Dabei bearbeitet Schüler A den Aufgabensatz A und Schüler B den Aufgabensatz B.

2. Austauschphase: Jeder Schüler besitzt die Hälfte eines Tandembogens, auf dem ein Teil der Aufgaben zu bearbeiten ist (hierfür hat der Tandempartner bereits die Lösungen) und ein anderer Teil der Aufgaben bereits Lösungen vorweist (diese Aufgaben liegen dem Tandempartner zur Bearbeitung vor).

   Die Schüler lesen im Wechsel die eigenen Lösungen vor und werden – falls nötig – vom Tandempartner korrigiert. Falls die Partner sich nicht über das Ergebnis einigen können, wird die Aufgabe markiert und in der Plenumsphase besprochen.

3. Auswertung/Sicherung: Je nach Aufgabenstellung und Lerngruppe kann es sinnvoll sein einzelne Ergebnisse im Plenum noch einmal kurz vorstellen zu lassen bzw. anzusprechen. Die markierten Problemaufgaben müssen in jedem Fall besprochen werden.

Tipps für den Unterricht

- **Lehrerrolle:** Die Lehrperson hält sich im Hintergrund und greift nur bei Schwierigkeiten ein.
- **Hausaufgaben:** Die Einzelarbeit zu Beginn kann in einer vorbereitenden Hausaufgabe erledigt werden.
- **Materialauswahl:** Es eignen sich Aufgaben, die schnell bearbeitet werden können und eindeutig lösbar sind.
- **Gestaltung der Bögen:** Es ist wichtig für den Lern- und Austauschprozess, dass beide Schüler auf ihren Teilbögen nicht nur über die Lösung sondern auch über die jeweilige Aufgabenstellung des Partners verfügen. Andernfalls ist eine effektive Korrektur durch den Partner nicht möglich.

Alternatives Vorgehen

- **Doppelter Boden:** Als weitere Sicherungsphase kann vor die Arbeit im Plenum eine kurze Gruppenarbeitsphase geschoben werden. Hier können zwei Tandems noch einmal gemeinsam Probleme besprechen und eventuell beseitigen.

Beispiele aus dem Unterricht

Partner-Check „Masse“

Dieser Partner-Check eignet sich für eine schnelle Übungsphase im Rahmen des Umwandeln von Massen. Mit Hilfe dieses Beispiels lassen sich darüber hinaus schnell weitere Bögen aus den Bereichen Längen und Zeiten gewinnen. In der Anfangsphase des Kooperativen Lernens sind präzise Arbeitsanweisungen von zentraler Bedeutung, deshalb finden die beiden Tandempartner hierzu entsprechende Anweisungen auf dem Tandembogen. Ist die Lerngruppe im Umgang mit Tandembögen geübt, kann man auf diese Anweisungen verzichten.

Partner-Check „Rationale Zahlen“

Hier geht es um den Größenvergleich im Bereich der Rationalen Zahlen. Dabei muss nicht nur über „kleiner als“ und „größer als“ entschieden werden, sondern auch darüber, welche Zahl näher bei einer vorgegebenen Zahl oder welche Zahl genau in der Mitte von zwei Zahlen liegt. Alle Schülerinnen und Schüler verfügen zur Kontrolle der Lösung über die Aufgabenstellung des Partners, die jeweilige Lösung ist fett gedruckt.

4.1.3 Partner-Interview

Funktionen im Unterricht

- Üben
- Wiederholen
- Vertiefen
- und andere

Vorbemerkung

Das Partner-Interview ist eine Weiterentwicklung des Partner-Checks. Es ist jedoch nicht nur auf Aufgaben beschränkt, deren Bearbeitung und Besprechung einen geringen Zeitaufwand erfordern.

Die Schülerinnen und Schüler arbeiten wieder mit Tandembögen, korrigieren sich gegenseitig und nehmen verschiedene Rollen wahr: Abweichend vom Partner-Check erläutert ein Schüler sein Vorgehen bei der Lösung seiner Aufgabe und nennt dann sein Ergebnis, während der andere mit Hilfe seines Teilbogens den Lösungsweg und die Lösung überprüft. In der nächsten Phase werden die Rollen getauscht. Die Kontrolle wird dem kontrollierenden Schüler erleichtert, weil Lösungsweg und Lösung auf seinem Teil des Tandembogens bereits in Kurzform vorgegeben sind. Die Kommunikation über Lösungswege und Lernergebnisse führt dazu, dass die Schülerinnen und Schüler sich mit den Sichtweisen und Vorstellungen des Partners auseinandersetzen und die Lerninhalte vertiefend verarbeiten.

Alternatives Vorgehen

- **Keine Angabe der Lösung:** Eine anspruchsvolle Variante des Partner-Interviews kann erzeugt werden, indem keine Lösungen bzw. keine Lösungswege angegeben werden. Der vorstellende Schüler ist dazu aufgefordert, seine gesamten Überlegungen zur vorbereiteten Aufgabe offenzulegen und mit dem Partner zu besprechen. Der Arbeitsauftrag muss dahingehend Klarheit für die Schüler schaffen. Bei dieser Variante kann auch ohne Tandembogen mit dem Schulbuch gearbeitet werden.

Beispiele aus dem Unterricht

Partner-Interview „Quadratische Gleichungen"

Der Kern dieses Partner-Interviews besteht darin, verschiedene Lösungsmöglichkeiten für quadratische Gleichungen zu kennen und anzuwenden. Dabei sind aus dem Unterricht folgende mathematische Verfahren bekannt: Wurzelziehen, Ausklammern/Faktorisieren, quadratische Ergänzung und die sogenannte pq-Formel. Sollten die Schülerinnen und Schüler nicht alle Verfahren kennen, muss der Tandembogen entsprechend geändert werden. Aus Platzgründen wird auf dem Bogen auf die Angabe der Lösungsmenge verzichtet.

Partnerinterview „Pythagoras"

Die anspruchsvolle Variante des Partner-Interviews lässt sich auch mit Aufgaben aus dem Schulbuch erzeugen. Die Schülerinnen und Schüler sollten dann jedoch über ausreichende Erfahrungen mit diesem Lernarrangement verfügen. Für das Beispiel wurde eine Anwendungsaufgabe[25] zum Satz des Pythagoras verwendet. Die Lösung der Aufgabe befindet sich im Buch, so dass die Schülerinnen und Schüler nach ihrem Partner-Interview ihre Lösungen gemeinsam überprüfen können. Ein entsprechender Arbeitsauftrag könnte folgendermaßen aussehen.

Partner A	Partner B
◆ EA: Bearbeite die Aufgaben 3a und c. ◆ PA: Stellt euch dann gegenseitig im Wechsel die Aufgaben 3a ; b; c; d vor. Erklärt dabei eurem Partner euer Vorgehen und euer Ergebnis genau. Anschließend könnt ihr die Lösungen im Buch nachschlagen und mit euren Lösungen vergleichen!	◆ EA: Bearbeite die Aufgaben 3b und d. ◆ PA: Stellt euch dann gegenseitig im Wechsel die Aufgaben 3a; b; c; d vor. Erklärt dabei eurem Partner euer Vorgehen und euer Ergebnis genau. Anschließend könnt ihr die Lösungen im Buch nachschlagen und mit euren Lösungen vergleichen!

[25] Mathe live Erweiterungskurs 9, Stuttgart 2008, S. 85 Nr. 3

COPY Partner-Check Massen umwandeln

Partner A	Partner B
EA: Bearbeite Aufgabe 1 und 3 **PA: Stellt euch jetzt im Wechsel eure Lösungen vor (1; 2; 3; 4), der jeweilige Partner kontrolliert das Ergebnis mit Hilfe seines Bogens**	**EA: Bearbeite Aufgabe 2 und 4** **PA: Stellt euch jetzt im Wechsel eure Lösungen vor (1; 2; 3; 4), der jeweilige Partner kontrolliert das Ergebnis mit Hilfe seines Bogens**
1)Wandle um: a) In g: 5kg, 600mg b) In kg: 3t, 50 000g c) In mg: 4g, 65g d) In t: 8 000kg, 3 500 000g	*Lösungen zu 1)* Wandle um: a) In g: 5kg = 5 000g, 600mg = 0,6g b) In kg: 3t = 3 000kg, 50 000g = 50kg c) In mg: 4g = 4 000mg, 65g = 65 000mg d) In t: 8 000kg = 8t, 3 500 000g = 3,5t
Lösungen zu 2) Wandle um: a) In g: 800mg = 0,8g, 60kg = 60 000g b) In kg: 10 000g = 10kg, 70t = 70 000kg c) In mg: 0,1g = 100mg, 5g 50mg = 5 050mg d) In t: 9 000kg = 9t, 7 500 000 g= 7,5t	2) Wandle um: a) In g: 800mg, 60kg b) In kg: 10 000g, 70t c) In mg: 0,1g, 5g 50mg d) In t: 9 000kg, 7 500 000g
3) Wandle in alle kleineren Einheiten um: a) 1,9kg b) 7 000g c) 12t 900kg	*Lösungen zu 3)* Wandle in alle kleineren Einheiten um: a) 1,9kg =1 900g = 1 900 000mg b) 7 000g = 7 000 000mg c) 12t 900kg = 12 900kg = 12 900 000g = 12 900 000 000 mg
Lösungen zu 4) Wandle in alle kleineren Einheiten um: a) 36 000g = 36 000 000mg b) 8,1kg = 8 100g= 8 100 000mg c) 17t 940kg = 17 940kg = 17 940 000g = 17 940 000 000mg	4) Wandle in alle kleineren Einheiten um: a) 36 000g b) 8,1kg c) 17t 940kg

Partner-Check Rationale Zahlen

Partner A	**Partner B**
Nr. 1 Welche Zahl ist die größte? a) -49 oder -47 b) -13 oder -17 c) -54,34 oder -54,37 d) -28,12 oder -30,82 e) 87,23 oder 87,32 f) 29,3 oder -30,31	*Lösungen Nr.1* Welche Zahl ist die größte? a) -49 oder **-47** b) **-13** oder -17 c) **-54,34** oder -54,37 d) **-28,12** oder -30,82 e) 87,23 oder **87,32** f) **29,3** oder -30,31
Lösungen Nr. 2 Welche Zahl ist die kleinste? a) **18** oder 20 b) -28 oder **-29** c) -99,29 oder **-99,98** d) -23,37 oder **-24,39** e) **27,34** oder -27,43 f) -79,79 oder **-80,31**	**Nr. 2** Welche Zahl ist die kleinste? a) 18 oder 20 b) -28 oder -29 c) -99,29 oder -99,98 d) -23,37 oder -24,39 e) 27,34 oder -27,43 f) -79,79 oder -80,31
Nr. 3 Ordne die Zahlen von klein nach groß. a) 34,13 ; 35,24 ; 14,23 ; 14,54 ; 22,35 b) -57,29 ; -60,32 ; -58,34 ; -58,99 c) -45,45 ; -44,99 ; -45,58 ; -44,11	*Lösungen Nr. 3* Ordne die Zahlen: a) 14,23 < 14,54 < 22,35 < 34,13 < 35,24 b) -60,32 < -58,99 < -58,34 < -57,29 c) -45,58 < -45,45 < -44,99 < -44,11
Lösungen Nr. 4 Ordne die Zahlen: a) -1,75 < -1,63 < -1,555 < -1,505 < 1,8 b) -49,27 < -48,88 < -46,84 < -45,98 c) -88,17 < -87,56 < -87,47 < -86,78	**Nr. 4** Ordne die Zahlen von klein nach groß a) -1,505 ; -1,75 ; 1,8 ; -1,555 ; -1,63 b) -49,27 ; -48,88 ; -45,98 ; -46,84 c) -87,47 ; -87,56 ; -88,17 ; -86,78
Nr. 5 a) Liegt -47,3 näher bei -47 oder bei -47,7? b) Ist -64,12 weiter von -64,06 oder von -64,19 entfernt? c) Ist 83,23 näher bei 84,34 oder bei 82,85?	*Lösungen Nr. 5* a) Liegt -47,3 näher **bei -47** oder bei -57,7? b) Ist -64,12 weiter von -64,06 oder **von -64,19** entfernt? c)Ist 83,23 näher bei 84,34 oder **bei 82,85**?
Lösungen Nr. 6 a) Liegt -35,8 näher **bei -36,3** oder bei -35,1? b) Ist -117,23 weiter von -117,56 oder **von -116,84** entfernt? c) Ist 28,24 näher **bei 29,123** oder bei 27,127?	**Nr. 6** a) Liegt -35,8 näher bei -36,3 oder bei -35,1? b) Ist -117,23 weiter von -117,56 oder von -116,84 entfernt? c) Ist 28,24 näher bei 29,123 oder bei 27,127?
Nr. 7 Welche Zahl liegt genau zwischen -52,5 und -112,9?	*Lösungen Nr. 7* Welche Zahl liegt genau zwischen -52,5 und -112,9? **- 82,7**
Lösung Nr. 8 Welche Zahl liegt genau zwischen -114,4 und -94,2? **-104,3**	**Nr. 8** Welche Zahl liegt genau zwischen -114,4 und -94,2?

COPY Partner-Interview Quadratische Gleichungen

Partner A	**Partner B**
1) Löse mit Wurzelziehen $4x^2 = 20$	*Lösung zu 1)* Löse mit Wurzelziehen $4x^2 = 20 \mid :4$ $x^2 = 5 \mid \sqrt{}$ $x_{1,2} = \pm\sqrt{5}$
Lösung zu 2) Löse mit Wurzelziehen $(x + 4)2 = 15 \mid \sqrt{}$ $x + 4 = \pm\sqrt{15} \mid 4$ $x_{1,2} = \pm\sqrt{15} - 4$	**2)** Löse mit Wurzelziehen $(x + 4)^2 = 15$
3) Löse mit Faktorisieren $x^2 - 15x = 0$	*Lösung zu 3)* Löse mit Faktorisieren $x^2 - 15x = 0$ $x(x -15) = 0$ $x_1 = 0$ oder $x -15 = 0 \mid +15$ $x_2 = 15$
Lösung zu 4) Löse mit Faktorisieren $15\ x^2 = 5x \mid -5x$ $15x^2 - 5x = 0$ $5x(3x-1) = 0$ $5x = 0$ oder $3x-1 = 0 \mid -1 \mid :3$ $x_1 = 0$, $x_2 = 1/3$	**4)** Löse mit Faktorisieren $15\ x^2 = 5x$
5) Löse mit quadratischer Ergänzung $x^2 - 12x + 10 = 0$	*Lösung zu 5)* Löse mit quadr. Ergänzung $x^2 - 12x + 10 = 0$ $x^2 - 12x + 10 + 26= 26$ $(x-6)^2 = 26 \mid \sqrt{}$ $x - 6 = \pm\sqrt{26} \mid +6$ $x_{1,2} = \pm\sqrt{26}\ +6$
Lösung zu 6) Löse mit quadr. Ergänzung $x^2 -8x +15 = 0$ $x^2 -8x +15 +1= 1$ $(x-4)^2 = 1 \mid \sqrt{}$ $x- 4 = \pm\sqrt{1} \mid +4$ $x_{1,2} = \pm 1 +4$	**6)** Löse mit quadratischer Ergänzung $x^2 -8x +15 = 0$
7) Löse mit pq-Formel $x^2 -8x + 15 = 0$	*Lösung zu 7)* Löse mit pq-Formel $x^2 -8x +15 = 0$ $x_{1,2} = 4 \pm \sqrt{(16 -15)} = 4 \pm 1$
Lösung zu 8) Löse mit pq-Formel $x^2 + 4x - 5 = 0$ $x_{1,2} = -2 \pm\sqrt{(4+5)} = -2 \pm 3$	**8)** Löse mit pq-Formel $x^2 + 4x - 5 = 0$

Verabredungskalender

08:00 ______

09:00 ______

10:00 ______

11:00 ______

12:00 ______

13:00 ______

14:00 ______

15:00 ______

16:00 ______

Trage auf die Linien die Namen deiner entsprechenden Gesprächspartner ein!

Verabredungskalender

08:00 ______

09:00 ______

10:00 ______

11:00 ______

12:00 ______

13:00 ______

14:00 ______

15:00 ______

16:00 ______

Trage auf die Linien die Namen deiner entsprechenden Gesprächspartner ein!

Verabredungskalender

08:00 ______

09:00 ______

10:00 ______

11:00 ______

12:00 ______

13:00 ______

14:00 ______

15:00 ______

16:00 ______

Trage auf die Linien die Namen deiner entsprechenden Gesprächspartner ein!

4.2. Lerntempoduett

Funktionen im Unterricht

- Üben
- Anwenden
- Erarbeiten
- und andere

Vorbemerkung

Das Lerntempoduett ist ein Lernarrangement, das sich durch eine natürliche Differenzierung auszeichnet: Es wird bezüglich der Schnelligkeit der Bearbeitung differenziert und, wenn der Lehrer die Aufgaben vom Schwierigkeitsgrad her stuft, auch der Tiefe der Problemlösefähigkeit. Die Schülerinnen und Schüler wechseln zwischen Einzel- und Partnerarbeit, wobei sie in den Einzelarbeitsphasen in ihrem eigenen Lern- bzw. Arbeitstempo arbeiten können. In den Partnerarbeitsphasen vergleichen die Schülerinnen und Schüler ihre Ergebnisse aus der Einzelarbeit, ergänzen sich gegenseitig und reflektieren ihre Lösungswege. Das Lerntempoduett bietet sich besonders an, wenn verschiedene Aufgaben sequentiell von allen Schülerinnen und Schülern einer Lerngruppe bearbeitet werden sollen.[26]

Der didaktische Nutzen besteht zum einen in der inhärenten Leistungsdifferenzierung. Zum anderen erhalten Schülerinnen und Schüler durch die gegenseitige unmittelbare Kontrolle ein schnelles Feedback, das sich positiv auf den Lernprozess auswirkt. Durch die gegenseitige Kontrolle steigt der Ehrgeiz ordentlich und auch zügig zu arbeiten bei einigen Schülerinnen und Schülern deutlich an.

In der Kooperationsphase, in der die Schülerinnen und Schüler miteinander arbeiten und sich über ihre individuellen Wissenskonstruktionen austauschen, treffen sich Partner, deren kognitive Kompetenzen zwar unterschiedlich sind, aber dennoch relativ nahe beieinander liegen. So werden nachgewiesenermaßen gute Lernergebnisse erzielt. Diese Berücksichtigung der Zonen der nächsten Entwicklung[27] ergibt sich beim Kooperativen Lernen und insbesondere beim Lerntempoduett immer wieder.

Durchführung

1. Die Schülerinnen und Schüler lesen sich das Arbeitsblatt zum Lerntempoduett sorgfältig durch. In Einzelarbeit werden dann die vorgegebenen Aufgaben aus einem ersten Aufgabensatz bearbeitet.

2. Hat ein Schüler den ersten Aufgabensatz bearbeitet, signalisiert er dies und sucht sich einen Partner, der ebenfalls bereits den ersten Aufgabensatz bearbeitet hat, für die Besprechung der ersten Aufgabe.

   Nach diesem Austausch wird ein neuer Partner für die zweite Aufgabe aus dem ersten Aufgabensatz ausgewählt usw.

3. Nach der ersten Austauschphase widmen sich die Schülerinnen und Schüler dem nächsten Aufgabensatz in Einzelarbeit und finden wie in Schritt 2 neue Partner für die nächste Austauschphase.

[26] Brüning/Saum: Bd. 1, S. 68 ff.

[27] Carlos Kölbl: Die Psychologie der kulturhistorischen Schule. Vygotskij, Lurija, Leont'ev. Vandenhoeck & Ruprecht, Göttingen 2006,

Sicherung

Nach Abschluss des Lern- und Austauschprozesses muss die Lehrperson für eine angemessene Sicherung Sorge tragen. Hierfür bieten sich unterschiedliche Vorgehensweisen an:

- Probleme und eventuell aufgetretene Unstimmigkeiten werden im Unterricht aufgegriffen und bereinigt.
- Einzelne Schülerinnen und Schüler tragen im Plenum einige ausgewählte Aufgaben an der Tafel vor.
- Die Lösungen der Aufgaben werden mit Hilfe einer Folie gezeigt, so dass die Schülerinnen und Schüler ihre Ergebnisse vergleichen können. Eventuelle Unstimmigkeiten können im Plenum thematisiert werden.
- In fortgeschrittenen Lerngruppen mit hohen personalen Kompetenzen können die Lösungen auch am Pult ausgelegt werden, die Schülerinnen und Schüler greifen dann bei Bedarf darauf zu.

Reflexion

Die Reflexion der eigenen Lernprozesse, der angewendeten Lernstrategien sowie der Arbeit mit den Partnern sollte im Anschluss erfolgen. Der Reflexionsbogen zur Partnerarbeit (vgl. 5.4.3) kann – wenn gewünscht – entsprechend modifiziert werden. Wichtig wird diese Reflexionsphase insbesondere dann, wenn bestimmte Elemente des Lerntempoduetts nicht geklappt haben.

Tipps für den Unterricht

- **Lerntempo:** Um Misserfolgserlebnisse zu vermeiden, sollte die Lehrperson mit der Klasse vor der ersten Durchführung des Lerntempoduetts über die unterschiedlichen Lerntempi sprechen. Das Lerntempo von Jugendlichen und Erwachsenen kann sich maximal um den Faktor 5 unterscheiden. Bei jüngeren Kindern kann es Unterschiede sogar bis zum Faktor 9 geben. Schnelligkeit ist im Übrigen auch nicht notwendigerweise ein Qualitätsmerkmal. Diese Erläuterungen dienen der Entlastung der vermeintlich „langsameren“ Schülerinnen und Schüler.
- **Vorgehensweise:** Bei ungeübten Lerngruppen empfiehlt es sich, das Vorgehen genau auf dem entsprechenden Arbeitsblatt zu beschreiben, um Unklarheiten über den Ablauf zu vermeiden Andernfalls muss das Vorgehen zu Beginn sehr sorgfältig mit der Lerngruppe besprochen werden.
- **Materialgrundlage:** Für das Lerntempoduett ist es nicht erforderlich, umfangreiche Materialien selbst zusammenzustellen. Aufgaben aus Schulbüchern können oft ohne Probleme eingesetzt werden. Gegebenenfalls muss der Arbeitsauftrag entsprechend modifiziert werden (vgl. Beispiele Trigonometrie und Integral).
- **Unterschiedlicher Schwierigkeitsgrad:** Die Aufgaben können einen ansteigenden Schwierigkeitsgrad aufweisen (vgl. Beispiel Proportionale Zuordnungen 1). Eine andere Möglichkeit besteht darin, Aufgaben auf verschiedenen Niveaustufen vorzugeben.
- **Basisaufgaben:** Es gibt Basisaufgaben, die am Ende alle Schülerinnen und Schüler bearbeitet haben sollten. Dies können zum Beispiel die Aufgaben aus dem ersten Aufgabensatz sein. Darüber hinaus gibt es weitere Aufgaben zur Vertiefung, die von schnelleren Schülerinnen und Schülern bearbeitet werden. So wird die zur Verfügung stehende Lernzeit von allen optimal genutzt.
- **Zeitvorgaben:** Für die Bearbeitung der Basisaufgaben muss genügend Zeit zur Verfügung stehen.
- **Schüleraufgaben:** In geübten Gruppen können Schülerinnen und Schüler selbst zusätzliche Aufgaben entwickeln und diese dann ihren Mitschülern stellen. Dies ist eine besonders gelungene Form der Differenzierung.
- **Hausaufgaben:** Ein Aufgabensatz kann auch in der Hausaufgabe bereits vorbereitet werden. Dann kann im Unterricht sofort mit der Austauschphase begonnen werden.

- **Unterschrift:** Als motivierend hat sich das gegenseitige Unterschreiben der Lösung am Ende der jeweiligen Partnerarbeit herausgestellt. Die Lehrperson kann so auch prüfen, wer gegebenenfalls nicht sorgfältig gearbeitet hat und schnell bereit war, eine falsche Lösung zu unterschreiben. Außerdem kann so schnell festgestellt werden, wie oft die Partner tatsächlich gewechselt wurden.
- **Raumaufteilung:** Die feste Sitzordnung wird während der gesamten Arbeitsphase aufgehoben, so dass sich die Schülerinnen und Schüler für die Partnerarbeitsphase einen beliebigen Platz suchen können. Im Mathematikunterricht können oft problemlos Aufgaben gestellt werden, die die Schülerinnen und Schülern mündlich und gegebenenfalls im Stehen vergleichen können.
- **Redezone:** Für lärmempfindliche Schüler kann ein bestimmter Bereich im Klassenzimmer als „Redezone" und ein anderer als „Stillarbeitszone" festgelegt werden. Es gilt jedoch hier genauso wie in anderen Lernarrangements die Vereinbarung, Gespräche mit dem Partner in der „30cm-Lautstärke" zu führen. So ist eine entsprechende Arbeitsatmosphäre für alle Beteiligten gewährleistet.
- **Partnersuche:** Der Prozess einen Partner zu finden, muss organisiert werden, damit es nicht zu chaotischen Verhältnissen kommt. Dies gilt insbesondere für Klassen, die in der Methode ungeübt sind. Wenn es nicht zu viele Aufgaben sind, können die Schülerinnen und Schüler mit Hilfe ihrer Finger anzeigen, welche Aufgabe sie vergleichen wollen. Man kann auch auf kleine vorbereitete Nummernkarten zurückgreifen.
- **Partnersuche 2:** Alternativ erfolgt die Partnersuche mit dem „eigenen Whiteboard". Dabei handelt es sich um ein weißes, laminiertes DIN A4-Blatt, über das alle Schülerinnen und Schüler verfügen. Das Blatt wird mit der Nummer der Aufgabe, die man vergleichen möchte, beschriftet und hochgehalten. Das Beschriften bringt eine gewisse Ruhe in den Arbeitsprozess, da keine ganz schnellen Wechsel möglich sind.
- **Partnerwechsel:** Die Austauschphase sollte mit möglichst vielen verschiedenen Partnern durchgeführt werden. Je nach Anzahl der zu bearbeitenden Aufgaben stoßen die Wechselmöglichkeiten jedoch an Grenzen. In diesem Fall können die Schülerinnen und Schüler mit einem Partner in einer späteren Phase noch einmal zusammenarbeiten oder mehrere Aufgaben mit einem Partner besprechen. Die zweite Variante bietet sich an, wenn die Besprechung der Lösung nicht viel Zeit in Anspruch nimmt.
- **Expertensystem:** Schnellere Schülerinnen und Schüler, die bereits alle Aufgaben bearbeitet haben, können sich mit langsameren Lernern treffen und als Experten die Aufgaben zum zweiten Mal mit einem Partner besprechen. Diese Situation muss am Anfang durch die Lehrperson entsprechend angeleitet werden. Wenn die Schülerinnen und Schülern mit dem Verfahren vertraut sind, ist dieses Helfersystem besonders wirkungsvoll, denn Schülerinnen und Schüler lernen oft besser von denjenigen, die ihre Probleme und Fragen nachvollziehen und verstehen können, weil sie diese vielleicht gerade selbst überwunden haben.

Alternatives Vorgehen

- **Phasen:** Das Lerntempoduett eignet sich je nach Anlage für Übungs- und Anwendungsphasen (arbeitsgleiche Aufgabenstellung) oder Erarbeitungsphasen (arbeitsteilige Aufgabenstellung möglich).
- **Partnerwechsel:** Sind die zu besprechenden Lösungen sehr kurz und schnell zu überblicken, können mehrere Aufgaben mit einem Partner verglichen werden (vgl. Lerntempoduett Brüche).
- **unterschiedliche Arbeitsaufträge:** In geübten Lerngruppen können die Aufgabenstellungen für die Austauschphase variiert werden (vgl. Lerntempoduett Proportionale Zuordnungen 2).
- **arbeitsteiliges Vorgehen:** Das Lerntempoduett kann arbeitsteilig angelegt werden. Voraussetzung hierfür sind unterschiedliche Arbeitsmaterialien (z. B. Material A und B). Jeder Schüler bearbeitet in der Einzelarbeitsphase einen Teilaspekt A oder B einer Aufgabe oder ein bestimmtes Material unter der Aufgabenstellung A oder B. In der Austauschphase stellen sich die Partner ihre Aufgaben gegenseitig vor, dann folgt eine gemeinsame Arbeitsphase, in der die beiden Teile A und B zu einem Gesamtergebnis zusammengeführt werden. Hier empfiehlt sich eine deutliche Kennzeichnung von A und B zum Beispiel durch farbiges Papier.
- **Austausch in der Gruppe:** Anstatt in Partnerarbeit kann die Austauschphase auch in Gruppenarbeit erfolgen. Drei, vier oder fünf Schülerinnen und Schüler mit gleichem Lerntempo bilden dann gemeinsam eine Arbeitsgruppe.

Beispiele aus dem Unterricht

Die Leervorlage zum Lerntempoduett kann für die ersten Schritte mit diesem Lehr- und Lernarrangement genutzt werden. Die Vorlage enthält alle methodischen Angaben zur bewusst kleinschrittigen Vorgehensweise. Dies ist für den Anfangsunterricht im Kooperativen Lernen von zentraler Bedeutung, um Unsicherheit und Chaos beim Lerntempoduett zu vermeiden. Die Lehrperson achtet dabei auf die Umsetzung der Vorgaben, bleibt aber von ständigen Nachfragen zum Vorgehen verschont. Mit wachsender Erfahrung und Übung können die methodischen Angaben zur Vorgehensweise immer weiter reduziert werden.

Lerntempoduett „Rechengeschichten“

Das Beispiel stammt aus Klasse 5, kann im Rahmen der Behandlung der natürlichen Zahlen verwendet werden und zeigt, dass auch im Rahmen eines Lerntempoduettes Kleinformen von Schreibanlässen wie Rechengeschichten genutzt werden können. Die Schülerinnen und Schüler setzen eine Rechengeschichte zu einer vorgegebenen Aufgabe fort, suchen dabei nach individuellen Deutungen für bekannte Operationen und setzen diese sprachlich um. Da der Anfang der Geschichte vorgegeben ist, kommen auch in mathematischem Schreiben ungeübte Lerngruppen damit zurecht. Der Schwierigkeitsgrad kann durch das Weglassen der Anfangssituationen aber deutlich erhöht werden.

Lerntempoduett „Bruchzahlen“

Für das Lerntempoduett zum Thema Bruchrechnung werden Kenntnisse beim Kürzen und Erweitern sowie beim Größenvergleich vorausgesetzt. Außerdem werden Visualisierungen von Bruchteilen eingesetzt. Anders als im vorherigen Beispiel wird eine ganze Reihe von Aufgaben mit einem Partner verglichen. Diese vier Aufgaben entstammen dabei jeweils alle einem gemeinsamen Teilgebiet der Bruchrechnung.

Lerntempoduett „Prozente“

Dieses Lerntempoduett kann in der Anfangsphase der Prozentrechnung eingesetzt werden. Die Textaufgaben sind so gestaltet, dass eine Berechnung der Ergebnisse im Kopf möglich ist. Mit Hilfe dieses Lernarrangement gewinnt die Lehrperson einen Überblick darüber, wer die Grundbegriffe der Prozentrechnung verstanden hat.

Lerntempoduett „Proportionale Zuordnungen 1“

Dieses Beispiel dient der Umsetzung von Sachsituationen in Tabellen und umgekehrt. Die Vorlage kann schon in der Anfangsphase der Behandlung von proportionalen Zuordnungen verwendet werden. Der Schwierigkeitsgrad steigt von Aufgabe zu Aufgabe. Die Schülerinnen und Schüler sollten das eigenständige Entwerfen von Aufgaben (siehe Aufgabe 6) bereits kennen. Andernfalls müssen Aufgabe 5 und 6 der Vorlage entsprechend an den eigenen Unterricht angepasst werden. Mit Hilfe dieses Beispiels kann schnell ein ähnliches Arbeitsblatt für antiproportionale Zuordnungen entworfen werden.

Lerntempoduett „Proportionale Zuordnungen 2“

Hier werden umfassende Kenntnisse von proportionalen Zuordnungen vorausgesetzt. Es werden Tabellen, Graphen, Gleichungen und textliche Umsetzungen verwendet. Außerdem werden die Aufgabenstellungen für die Austauschphase variiert, dies ist für die Schülerinnen und Schüler anspruchsvoll. Deshalb sollte die Lerngruppe dieses Lernarrangement bereits in anderen Zusammenhängen mehrfach im Unterricht kennengelernt und durchgeführt haben. Die Aufgaben sind so angelegt, dass Schreibzeug, Zeichengerät und ein Heft für die gemeinsame Arbeit benötigt werden.

Lerntempoduett „Flächenberechnung bei ganz-rationalen Funktionen/Integral“

Auch in der Sekundarstufe II können Lerntempoduette eingesetzt werden beispielsweise bei der Flächenberechnung ganz-rationaler Funktionen, das folgende Lerntempoduett basiert auf einer Schulbuchaufgabe[28]. Mit Hilfe eines entsprechenden Arbeitsauftrags kann das Lerntempoduett zum Thema Flächenberechnung bei ganz-rationalen Funktionen beginnen:

Lerntempoduett „Trigonometrie“

Das folgende Lerntempoduett zum Thema Trigonometrie in der Ebene basiert auf Aufgaben[29] aus einem Schulbuch.

[28] Lambacher Schweizer, Leistungskursband für die Qualifikationsphase. S.77, Nr.1

[29] Schnittpunkt 10, NRW. Stuttgart 2011. S. 122, Nr. 6, 7, 8

a) Bearbeite in Einzelarbeit die Aufgaben 6, 7 und 8 auf S. 122.

b) Suche dir bitte jetzt einen Partner für die Aufgabe 6. Stellt euch gegenseitig eure Lösungen vor und überlegt, ob sie richtig sind. Verbessert gegebenenfalls eure Lösungen. Unterschreibt euch gegenseitig die kontrollierte Aufgabe.

c) Suche dir bitte anschließend jeweils einen neuen Partner für die Aufgaben 7 und für die Aufgabe 8. Geht dann vor wie unter b).

d) Erfinde nun eine eigene Anwendungsaufgabe und erstelle eine gesonderte Musterlösung. Suche dir bitte jetzt einen neuen Partner für diese Aufgabe und lege deinem Partner die Aufgabe vor. Nachdem dein Partner die Aufgabe bearbeitet hat, geht bitte vor wie oben.

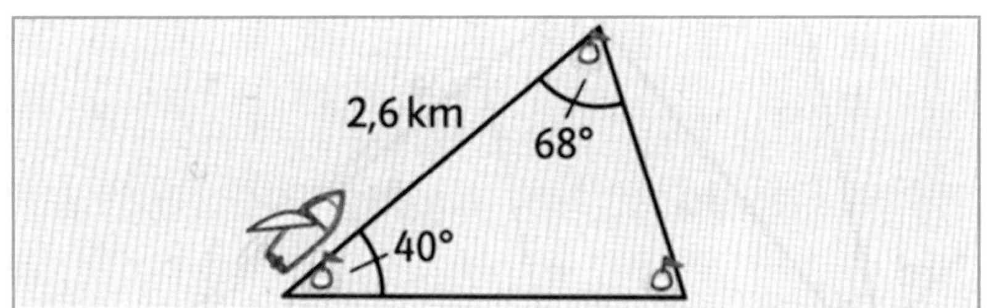

Wie lang ist der Regattakurs?

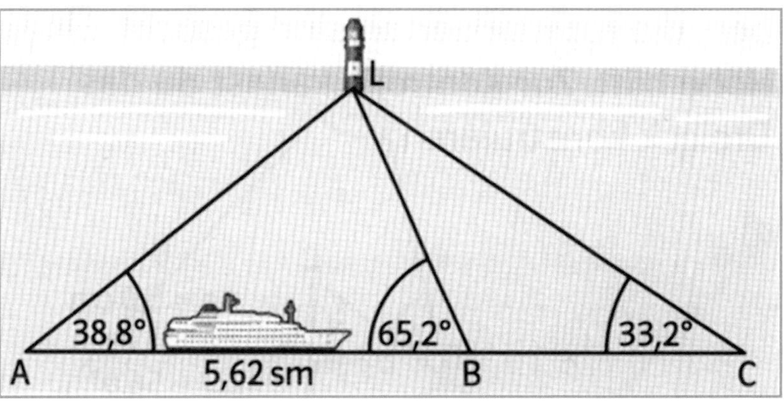

Von einem Schiff aus wird von drei Punkten A, B und C ein Leuchtturm angepeilt.

a) Wie weit ist das Schiff in B vom Leuchtturm entfernt?

b) Wie lang ist der Teil BC seines Weges?

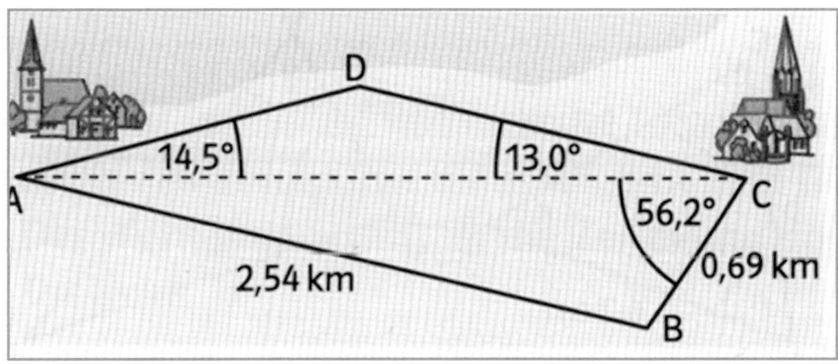

Der Ort C ist vom Ort A aus über B oder über D erreichbar.

a) Wie groß ist die Entfernung in Luftlinie?

b) Wie lang ist der Weg über D?

COPY **Lerntempoduett Rechengeschichten**

In der Tabelle findest du Aufgaben und den dazu gehörenden Anfang einer Rechengeschichte. Lies dir die **Aufgaben 1 bis 4** aufmerksam durch und überlege, wie man die dazu passende Rechengeschichte sinnvoll fortsetzen kann. Schreibe dann die Fortsetzung der Geschichte in das dazugehörige Feld.

		Unterschrift:
1) 4•4	Ein Wanderer legt in einer Stunde 4 Kilometer zurück…	
2) 3•4	Beim Essen im Restaurant kann Michel zwischen drei verschiedenen Hauptgerichten auswählen…	
3) 120 : 8	In der Aula müssen 120 Stühle aufgestellt werden…	
4) 16200 : 9	Ein Gewinn von 16200 Euro wird …	

*a) Suche dir bitte jetzt **einen Partner** für die **Aufgabe 1**.*
Stellt euch gegenseitig eure Geschichten vor und überlegt, ob eine sinnvolle Umsetzung der vorgegebenen Aufgabe entstanden ist.
Unterschreibt euch gegenseitig die kontrollierte, eventuell korrigierte Rechengeschichte.
*b) Suche dir nun für **Aufgabe 2** einen **neuen Partner**, geht dann vor wie bei Aufgabe 1.*
*c) Für die **Aufgabe 3 und 4** benötigst du jetzt noch **zwei weitere, neue Partner**.*

Löse jetzt die Aufgabe 5-8 und gehe dabei ebenso vor wie oben.

		Unterschrift:
5) 60•70	Das Herz eines Menschen schlägt…	
6) 18600 : 3	Von den 18600 Plätzen im Stadion…	
7) 3 + 4 x 2	Eine Löwengruppe im Zoo …	
8) 2653 : 7 - 5	Frau Majer hat zusammen mit ihren Freundinnen 2653 Euro…	

*d) Suche dir jetzt wieder der Reihe nach **vier neue Partner**. Gehe vor wie oben beschrieben.*

Lies dir die Aufgaben aufmerksam durch. Bearbeite dann alle Aufgaben der Reihe nach:

a) Suche dir bitte jetzt einen Partner für die Aufgabenreihe 1. Stellt euch gegenseitig eure Lösungen vor und überlegt, ob sie richtig sind.

b) Suche dir nun für die Aufgabenreihe 2 einen neuen Partner, geht dann vor wie bei a.

c) Für die Aufgabenreihe 3 benötigst du jetzt noch einen weiteren neuen Partner.

Kürze soweit wie möglich: $\frac{78}{48} =$	Kürze mit 25: $\frac{125}{750} =$	Erweitere mit 21: $\frac{3}{7} =$	Erweitere auf den Nenner 100 $\frac{11}{5} =$	Unterschrift
Überprüfe: $\frac{75}{15} = 5?$	Größer oder kleiner? $\frac{4}{3} \dots\dots \frac{6}{2}$	Größer oder kleiner? $\frac{7}{11} \dots\dots \frac{1}{3}$	Größer oder kleiner? $\frac{9}{5} \dots\dots \frac{7}{4}$	Unterschrift
Wie heißt die blau dargestellte Bruchzahl?	Wie heißt die blau dargestellte Bruchzahl?	Zeichne die Bruchzahl ein: $\frac{5}{12}$	Markiere $\frac{2}{3}$ auf dem Zahlenstrahl. 0 1	Unterschrift

Lerntempoduett Prozente

Lies dir die Aufgaben 1 bis 4 aufmerksam durch. Vervollständige dann die Aussagen. Führe die dazu notwendigen Rechnungen im Kopf aus.	Unterschrift:
1) Laufe ich zur Schule, benötige ich 40 Minuten, fahre ich mit dem Fahrrad, benötige ich nur 25% der Zeit, also .... Minuten.	
2) Wenn mein Taschengeld von 10 Euro auf 15 Euro erhöht wird, bekomme ich ....% mehr Taschengeld.	
3) Heute habe ich 2 Stunden für das Anfertigen der Hausaufgaben benötigt, gestern nur 1 Stunde, ich habe also ....% mehr Zeit gebraucht.	
4) Gestern habe ich 10% von 10 Euro ausgegeben. Heute habe ich 10% zu meinem Geld dazu bekommen. Jetzt habe ich .... Euro.	
a) Suche dir bitte jetzt einen Partner für die Aufgabe 1. Stellt euch gegenseitig eure Lösungen vor und überlegt, ob sie richtig sind. Unterschreibt euch gegenseitig die kontrollierte, eventuell korrigierte Aufgabe. *b) Suche dir nun für Aufgabe 2 einen neuen Partner, geht dann vor wie bei Aufgabe 1.* *c) Für die Aufgabe 3 und 4 benötigst du jetzt noch zwei weitere, neue Partner.* **Löse jetzt die Aufgabe 5-8 und gehe dabei ebenso vor wie oben.**	
5) In der letzen Mathearbeit habe ich 48 von 60 Punkten erreicht, das sind immerhin ....% der Gesamtpunkte.	
6) Wenn ich heute einmal 45 Minuten weniger Zeit vor dem Fernseher verbringe, sind das 50% Zeit weniger als üblich, denn sonst schaue ich meist .... Minuten täglich Fernsehen.	
7) Gebe ich 30% von meinen gesparten 45 Euro für Geschenke aus, sind das .... Euro.	
8) Erfinde eine eigene Aussage, die ergänzt werden kann: *d) Suche dir jetzt wieder der Reihe nach vier neue Partner. Gehe vor wie oben beschrieben. Am Ende hast du 8 Aufgaben mit acht verschiedenen Partnern verglichen.*	

Lerntempoduett Proportionale Zuordnungen 1

Lies dir die Aufgaben **1** bis **4** aufmerksam durch und löse sie dann. Unterschrift:

1) Ergänze die fehlenden Werte:

Zeit in h	3	9	1,5	4,5
Weg in km	12			

2) Formuliere zu 1) eine passende Textaufgabe:

3) Ergänze die fehlenden Werte:

Menge	5	20	40	45
Preis in €		28		

4) Formuliere zu 3) eine passende Textaufgabe:

- *Suche dir bitte jetzt einen Partner für die Aufgaben 1und 2. Stellt euch gegenseitig eure Lösungen vor und überlegt, ob sie richtig sind. Verbessert gegebenenfalls eure Lösungen. Unterschreibt euch gegenseitig die kontrollierte Aufgabe.*
- *Suche dir nun für die Aufgaben 3 und 4 einen neuen Partner, geht dann vor wie oben.*

Bearbeite jetzt die Aufgabe **5** und **6**.

5) Vervollständige die Tabelle und schreibe eine passende Textaufgabe:

?	1	2	3	?
Gewicht in g			750	

6) Erfinde nun eine eigene Textaufgabe zu einer proportionalen Zuordnung. Erstelle dazu auch eine Tabelle.

- *Suche dir bitte jetzt einen Partner für die Aufgabe 5. Stellt euch gegenseitig eure unterschiedlichen Aufgaben vor und überlegt gemeinsam, ob sie richtig gelöst sind. Verbessert gegebenenfalls eure Lösungen. Unterschreibt euch gegenseitig die kontrollierte Aufgabe.*
- *Suche dir nun für die sechste Aufgabe einen neuen Partner, diktiert euch gegenseitig eure Aufgaben und bearbeitet sie. Vergleicht und verbessert gegebenenfalls eure Lösungen. Unterschreibt euch gegenseitig die kontrollierte Aufgabe*

Lerntempoduett Proportionale Zuordnungen 2

Lies dir die Aufgaben 1 bis 3 aufmerksam durch und löse sie. *- Suche dir bitte anschließend für jede Aufgabe einen neuen Partner. Bearbeitet dann die kursiv gedruckten Arbeitsaufträge.*	Unterschrift:
1) Welche Zuordnungen sind proportional? Begründe schriftlich. a) Teppichboden in m2 → Preis b) Uhrzeit → Temperatur c) Dauer des Lernens → Anzahl der behaltenen Vokabeln *Vergleicht eure Antworten und die Begründungen!*	
2) Formuliere zu 1a) eine passende Textaufgabe, erstelle dazu auch eine Tabelle und gib eine Gleichung an. *Diktiert euch gegenseitig eure Textaufgabe, diese Aufgabe soll der Partner nun bearbeiten. Vergleicht dann eure Lösungen.*	
3) Gib eine Gleichung für diese Zuordnung an. Begründe durch Rechnung. x: 15, 30, 60, 120 y: 3, 6, 12, 30 *Vergleicht eure Antwort und die Begründung!*	
Bearbeite jetzt die Aufgabe 4 bis 6. Gehe dann vor wie oben.	
4) Aufgabe: 500 g Käse kosten 8 €. Wie viel kosten 200 g Käse? Erkläre schriftlich mit eigenen Worten, wie die Schüler gerechnet haben: Nora: 8 € : 5 = 1,60 € 1,60 € · 2 = 3,20 € Sergej: 500 g kosten 8 €. 1000 g kosten 16 €. 200 g kosten 16 € : 5 = 3,20 €. Ellen: 500 g | 8 € 100 g | 1,60 € 200 g | 3,20 € *Vergleicht eure Erklärungen miteinander!*	
5) Ein Schwimmbecken wird mit Wasser gefüllt. Am Graphen kannst du ablesen, zu welchem Zeitpunkt welcher Wasserstand erreicht ist. Lies geeignete Werte ab und trage sie in eine Tabelle ein. Wie lautet die Gleichung dieser Zuordnung? *Vergleicht eure Lösungen.* 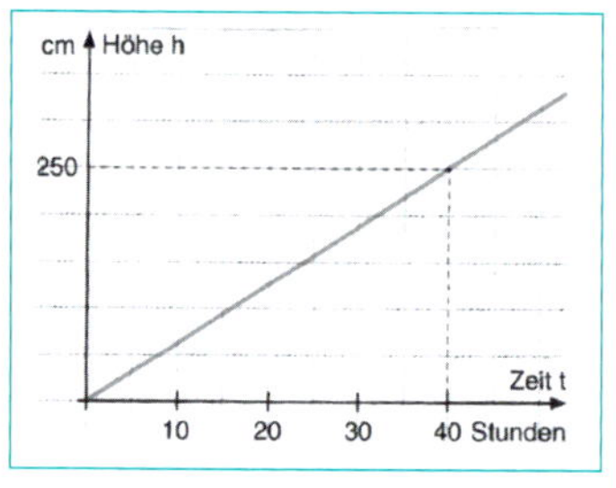 	
6) Zeichne jetzt in deinem Heft einen Graphen einer beliebigen proportionalen Zuordnung. Überlege dir dazu eine geeignete Textaufgabe, erstelle eine Tabelle und gib eine Gleichung an. *Zeigt euch gegenseitig nur eure gezeichneten Graphen, die restliche Aufgabe soll der Partner nun allein bearbeiten. Vergleicht dann eure Lösungen.*	

Tabelle zu Aufgabe 3:

x	15	30	60	120
y	3	6	12	30

Lerntempoduett „Flächenberechnung bei ganz-rationalen Funktionen/Integral"

a) Bearbeiten Sie in Einzelarbeit die Aufgabe 1 auf S. 77.

b) Suchen Sie sich bitte jetzt einen Partner für den Aufgabenteil a). Stellen Sie sich gegenseitig die Lösungen vor und überlegen Sie gemeinsam, ob sie richtig sind. Verbessern Sie gegebenenfalls ihre Lösung.

c) Suchen Sie sich bitte anschließend jeweils einen neuen Partner für die Aufgabenteile b) bis d) Gehen Sie dann vor wie oben.

Bestimmen Sie den Inhalt der gefärbten Fläche.

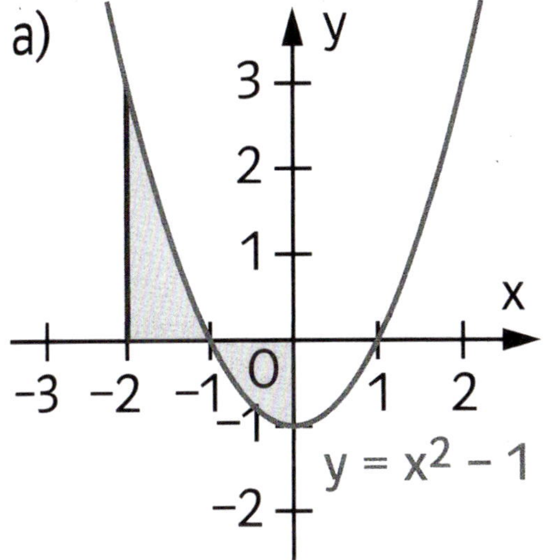

Fig. 2

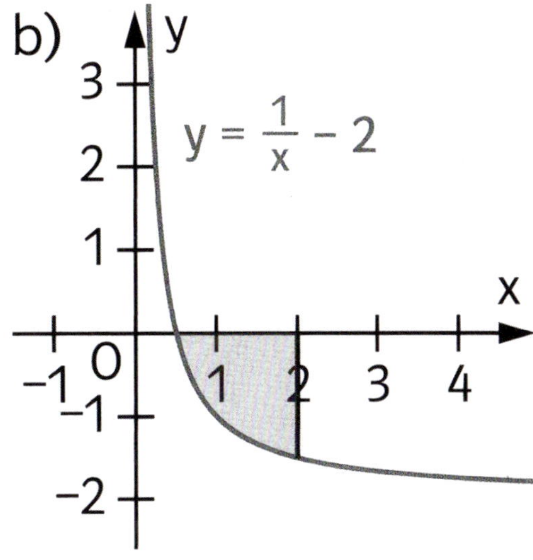

Fig. 3

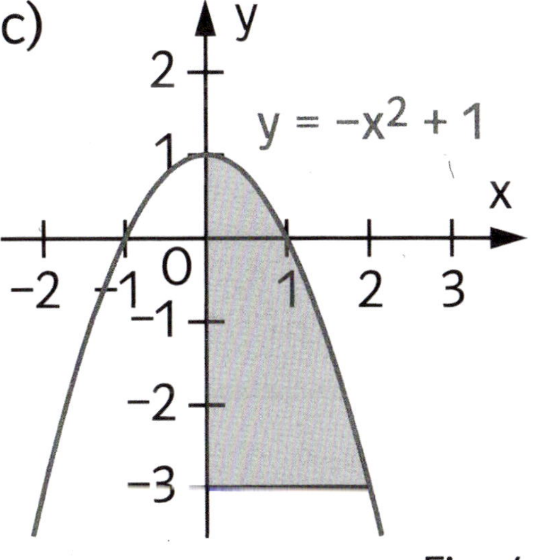

Fig. 4

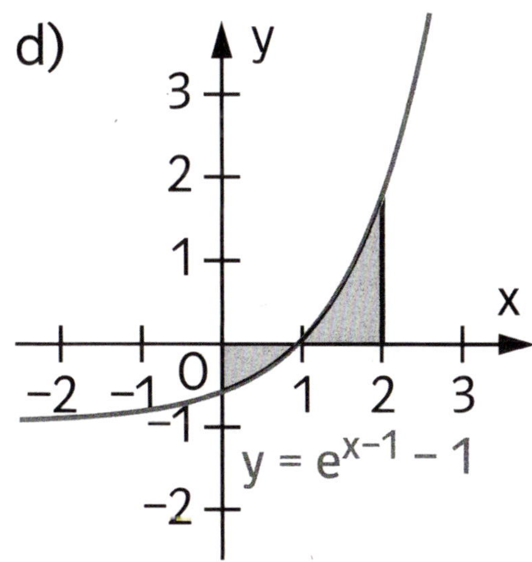

Fig. 5

Lerntempoduett Leervorlage

Lies dir die Aufgaben **1 bis 4** aufmerksam durch. Vervollständige dann die Aussagen.
Führe die dazu notwendigen Rechnungen im Kopf aus.

1)	Unterschrift:
2)	
3)	
4)	

a) Suche dir bitte jetzt einen Partner für die Aufgabe 1.
Stellt euch gegenseitig eure Lösungen vor und überlegt, ob sie richtig sind.
Unterschreibt euch gegenseitig die kontrollierte, eventuell korrigierte Aufgabe.
b) Suche dir nun für Aufgabe 2 einen neuen Partner, geht dann vor wie bei Aufgabe 1.
c) Für die Aufgabe 3 und 4 benötigst du jetzt noch zwei weitere, neue Partner.

Löse jetzt die **Aufgabe 5-8** und gehe dabei ebenso vor wie oben.

5)
6)
7)
8) Erfinde

d) Suche dir jetzt wieder der Reihe nach vier neue Partner. Gehe vor wie oben beschrieben.

COPY

Lerntempoduett Nummernkarten

5	10
4	9
3	8
2	7
1	6

4.3 Gruppenturnier

Funktionen im Unterricht

- Üben
- Vertiefen
- Wiederholen
- Anwenden
- Überprüfen

Vorbemerkung

Beim Gruppenturnier treten alle Gruppen in einen Wettbewerb und stellen dabei unter Beweis, dass sie ein vorgegebenes Thema beherrschen. Die positive Abhängigkeit in den Gruppen ist hoch, denn jedes einzelne Gruppenmitglied ist nur erfolgreich, wenn die Gruppe insgesamt Erfolg hat. Die Teammitglieder übernehmen bei diesem Lernarrangement die individuelle Verantwortung dafür, dass jedes Mitglied der Gruppe gut vorbereitet in den Wettkampf geht. Es ergeben sich intensive Arbeitsphasen, in denen sich die Schülerinnen und Schüler gegenseitig unterrichten und helfen. Damit ist das Gruppenturnier ein schüleraktivierendes, lernwirksames Lehr- und Lernarrangement.[30]

Im Sinne des erweiterten Lernbegriffs (vgl. 5) werden mit dem Gruppenturnier fachliche, methodische, soziale und personale Kompetenzen gefördert und erweitert. Fachlich muss ein Themengebiet für eine Überprüfung bearbeitet werden, dabei müssen die Schülerinnen und Schüler ihren Lern- und Arbeitsprozess so organisieren, dass sie ihr Ziel erreichen. Die Schülerinnen und Schüler erleben dabei gemeinsam Selbstwirksamkeit und gelangen zu der Erkenntnis, dass jeder seinen Anteil am Ergebnis hat.

Durchführung

Erarbeitungsphase

1. Die Schülerinnen und Schüler eignen sich zunächst in Einzelarbeit das erforderliche Wissen an bzw. wiederholen den Stoff. Dazu erhalten sie beispielsweise vorbereitetes Aufgabenmaterial mit Lösungen oder sie greifen auf ihr Heft und das Mathematikbuch zurück.

2. In Partnerarbeit fragen sich die beiden Schulterpartner gegenseitig ab. In dieser Phase wechseln die Partner oft auch schon vom Lernenden zum Lehrenden.

3. In einem Testlauf fragt ein Teammitglied die drei anderen Schülerinnen und Schüler der Gruppe ab. Danach werden die Rollen gegebenenfalls getauscht. Wenn jemand eine Frage nicht beantworten kann, erklären die Schüler sich gegenseitig noch einmal die Aufgabe und ihre Lösung.

4. Jeder Schüler versucht nun letzte Wissenslücken zu schließen, indem er sich den Stoff noch einmal anschaut und Aufgaben bearbeitet. Dies kann auch in der Hausaufgabe erfolgen.

[30] vgl. Brüning/Saum: Erfolgreich unterrichten durch Kooperatives Lernen, Essen 2009 Bd. 2, S. 7ff.

Wettkampfphase

1. Vorbereitung

In den Farbgruppen wird jedem Schüler ein Buchstabe (A-D) zugeordnet. Die Kombination Farbe/Buchstabe ermöglicht die Neuverteilung der Schülerinnen und Schüler in die Wettkampfgruppen. Die Wettkampfgruppen setzen sich so zusammen, dass an keinem Wettkampftisch zwei Schüler aus derselben Farbgruppe sitzen: Schüler A wechselt an den nächsten Farbgruppentisch, Schüler B wechselt an den übernächsten Farbgruppentisch, Schüler C wechselt an den überübernächsten Farbgruppentisch, Schüler D bleibt sitzen.

Am Tisch der grünen Gruppe sitzen dann Rot C, Orange B, Gelb A und Grün D.

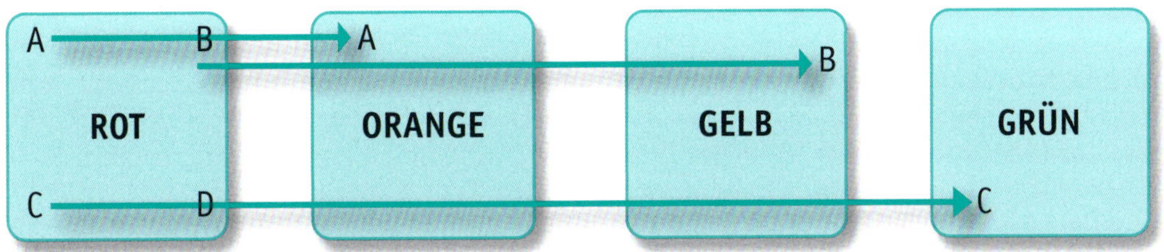

An jedem Tisch werden die Rollen Prüfer, Prüfling, Protokollführer und Zeitwächter verteilt. Prüfer und Prüfling sollten sich gegenüber sitzen. Alle Schülerinnen und Schüler sind so permanent in den Arbeitsprozess eingebunden.

Der erste Protokollführer erhält den Protokollbogen für die Ergebnisse.

Die Aufgabenkarten werden auf dem jeweiligen Wettkampftisch verdeckt auf einen Stapel gelegt.

2. Durchführung

Der Prüfer nimmt die oberste Aufgabenkarte vom Stapel und stellt die Frage an den Prüfling. Der Prüfer kontrolliert die Richtigkeit der Antwort mit Hilfe der auf der Karte angegebenen Lösung, gibt das Ergebnis bekannt und entscheidet über richtig und falsch. Für jede richtige Antwort gibt es einen Punkt. Das Ergebnis wird vom Protokollführer in den Ergebnisbogen eingetragen. Der Zeitwächter gibt das Ende der vorgegebenen Zeit bekannt, wenn eine maximale Beantwortungszeit überschritten wird.

Nach jeder Frage werden die Rollen im Uhrzeigersinn gewechselt und ein anderer Schüler ist der Prüfer usw.

Das Turnier ist beendet, wenn alle Fragen gestellt worden sind. Dabei ist darauf zu achten, dass alle Teilnehmer die gleiche Anzahl an Fragen gestellt bekommen. Bei Vierergruppen muss die Anzahl der Aufgaben also durch 4 teilbar sein.

Auswertung

1. Die Schülerinnen und Schüler gehen in ihre eigenen Gruppen zurück. Dort werden die Punkte der Gruppenmitglieder in den Teamauswertungsbogen eingetragen, dann addiert und so das Gruppenergebnis ermittelt.

2. Eine Auswertung in der Klasse beendet das Gruppenturnier, dabei werden alle Gruppen-Ergebnisse in einen Klassenbogen eingetragen. Die Einzelergebnisse sollten nicht veröffentlicht werden.

Reflexion

Nach Johnson/Johnson[31] sollten fünf Schritte die Reflexion/ Evaluation (vgl. 2.5.) strukturieren. Ich möchte dies beim Gruppenturnier einmal beispielhaft aufzeigen.

Der erste Schritt ist die individuelle Reflexion der Qualität des eigenen Beitrags zum Erfolg der Arbeit der Gruppe. Die Schülerinnen und Schüler nehmen dazu ihre eigenen Erfahrungen und Einschätzungen mit Hilfe der Vorlage in den Blick:

- Bin ich mit meinem Ergebnis im Turnier zufrieden?
- Gab es Probleme?
- Was hat mit geholfen? Was hat mich motiviert?
- Gibt es etwas, das ich noch besser machen könnte?

Der Reflexionsbogen ist so aufgebaut, dass er freies Schreiben ermöglicht. Denn es ist an dieser Stelle besonders wichtig, dass die Schülerinnen und Schüler ausführlich zu bestimmten Prozessen vor und während des Turniers Stellung nehmen.

In einem zweiten Schritt kann jeder Gruppe oder einigen Gruppen ein Feedback zur Art und Weise der Zusammenarbeit gegeben werden. Die Beobachterrolle fällt dabei in der Anfangsphase der Lehrperson zu. Sie hat in der Arbeits- und Wettkampfphase des Gruppenturniers ausreichend Gelegenheit einzelne Gruppen zu beobachten (vgl. 5.4) und sich entsprechende Notizen zu machen. Ein solches Feedback kann am Anfang ungeübten Gruppen Hinweise darauf geben, welche Punkte noch in der Gruppenreflexion beachtet und besprochen werden sollten. In fortgeschrittenen Gruppen kann die Beobachterrolle auch an Schülerinnen und Schüler vergeben werden.

Im dritten Schritt reflektieren die Gruppenmitglieder mit Hilfe der Vorlage, ob sie erfolgreich waren, ob die Vorbereitung auf das Turnier effektiv war und was sie in Zukunft verbessern können. Dabei sollten die weiteren Schritte möglichst konkret geplant werden.

In einem vierten Schritt können mit Hilfe der Auswertungsbögen die Lernergebnisse und die Arbeitsweise im Gruppenturnier mit der ganzen Klasse besprochen und reflektiert werden.

Abschließend werden die Fortschritte und Lernerfolge aller entsprechend gewürdigt. Dies kann zum Beispiel durch die Vergabe von Zertifikaten erfolgen.

[31] Vgl. Johnson, Johnson, Holubec: Kooperatives Lernen, Kooperative Schule (1993)

Tipps für den Unterricht

- **Zahl der Wettkampffragen:** Je komplexer das Themengebiet, desto weniger Prüfungsfragen sind sinnvoll. Normalerweise sollte jeder Schüler zwischen 8 und 10 Fragen beantworten. Damit bleibt der zeitliche Aufwand überschaubar.
- **Zeitvorgaben:** Der Lehrer legt den Zeitraum fest, der maximal für eine Aufgabe in Anspruch genommen werden darf.
- **Nebenrechnungen:** Je nach Aufgabentyp können schriftliche Nebenrechnungen erlaubt werden.
- **Gruppengröße:** Hat eine Gruppe mehr oder weniger als vier Mitglieder, müssen die Punkte entsprechend anders gewichtet werden. Bei den Wettkampfgruppen muss auch die Anzahl der Aufgaben angepasst werden.
- **Hausaufgaben:** Die Erarbeitungsphase kann auch durch entsprechende Hausaufgaben vor- oder nachbereitet werden.
- **Materialgrundlage:** Die Prüfungsfragen und ihre Lösungen können von der Lehrperson zur Verfügung gestellt werden. Mit einer gewissen Übung in dieser Methode können Schülerinnen und Schüler auch selbst Aufgaben für einen Testlauf oder für das Turnier erstellen.
- **Materialherstellung:** Die Anlage einer Datei als Leervorlage für die schnelle Herstellung von Karten ist zeitsparend. Die Karten eines erprobten Turniers sollten laminiert werden und können dann immer wieder verwendet werden.
- **Erklärung der Wettkampfsituation:** Wenn die Gruppe die Vorgehensweise noch nicht kennt, sollte das Vorgehen in der Wettkampfgruppe vor dem Turnier kurz demonstriert werden. Es kann aber auch der Schülerbogen „Durchführung eines Gruppenturniers“ an die Gruppen ausgeteilt und als Spielregeln verwendet werden.
- **Mehrere Turniere:** Man kann in der gleichen Gruppenzusammensetzung mehrere Turniere abhalten. Dazu kann in der Klasse eine entsprechende Ergebnis-Tabelle ausgehängt werden.

Alternatives Vorgehen

- **Rollenwechsel:** Die Rollen wechseln nicht in jeder Runde, sondern erst nachdem der Prüfer dem Prüfling eine vorher festgelegte Anzahl an Aufgaben gestellt hat.
- **Antwort freigeben:** Der Prüfer gibt nur bekannt, ob eine Antwort richtig oder falsch ist. Ist eine Antwort falsch, können die beiden anderen Schüler, die richtige Antwort geben. Um einen Anstieg der Lautstärke sowie Streitigkeiten über die schnellste Antwort zu vermeiden, sollte dann zum Beispiel festgelegt werden, dass als erstes der Zeitwächter antworten darf. Da alle Rollen rotieren, hat jeder die Chance auf die erste Antwort. Für diese Variante muss jedoch der Protokollbogen angepasst werden. Die Bedingung einer gleichen Aufgabenanzahl für alle Mitglieder der Wettkampfgruppe muss dann nicht unbedingt weiter eingehalten werden.
- **Schriftliche Bearbeitung:** Nachdem der Prüfer die Aufgabe gestellt hat, wird sie von allen anderen Wettkampfteilnehmern gleichzeitig schriftlich bearbeitet. Wer zuerst fertig ist, ruft „Stopp!“. Alle anderen bekommen noch etwas Zeit – die Zeitspanne sollte jedoch vorher festgelegt werden, um Streit zu vermeiden. Hier übernimmt der Prüfer auch die Rollen des Zeitwächters und des Protokollführers. Er notiert die Reihenfolge, in der die Schüler fertig werden. Der erste, der das richtige Ergebnis hat, bekommt drei Punkte, der zweite zwei Punkte und der dritte einen Punkt. Danach wechselt der Prüfer.
- **Vorergebnisse berücksichtigen:** Das Gruppenturnier birgt in Klassen mit wenig Erfahrung im Kooperativem Lernen die Gefahr, dass der Leistungsdruck auf schwächere Schülerinnen und Schüler durch die Gruppe oder vermeintlich bessere Schülerinnen und Schüler zu groß wird. Dies kann durch ein entsprechendes Training der sozialen Kompetenzen verhindert werden. Die Verbesserung der Gruppenergebnisse kann auch gegenüber einem Vortest gemessen werden. In diesem Fall gewinnt die Gruppe mit der größten Punktesteigerung. Das kann eine Gruppe sein, die nicht so viele Punkte erreicht hat, sich gegenüber ihrem Vorergebnis aber deutlich verbessert hat.

Forschungsergebnisse zur Wirksamkeit

„Um den Erfolg der verschiedenen Formen des kooperativen Lernens zu beurteilen, wurden Effektstärken berechnet. Die Effektstärke drückt aus, um wie viel Standardabweichungen bzw. um welchen Bruchteil einer Standardabweichung die Ergebnisse der Schüler mit Gruppenarbeit besser sind als die herkömmlich unterrichteten Schüler. Eine Effektstärke von + 0,5 bedeutet, dass die Schüler bei kooperativer Methode um eine halbe Standardabweichung bessere Ergebnisse als beim normalen Unterricht erzielt haben. Dies wäre ein recht deutlicher und starker pädagogischer Effekt."[32] Empirisch-experimentelle Forschungen haben in Bezug auf das Gruppenturnier eine Effektstärke von + 0,4 ergeben.[33] Diese Untersuchungen unterstützen noch einmal die Aussagen zu seiner Lernwirksamkeit.

Beispiele aus dem Unterricht

In Mathematik gibt es viele Gelegenheiten, ein Gruppenturnier in den Unterricht zu integrieren. Die folgenden Vorlagen für überschaubare Problemstellungen enthalten 42 Aufgaben. Sind alle Wettkampfgruppen Vierergruppen, wird mit 40 Aufgaben gespielt und alle Schülerinnen und Schüler lösen zehn Aufgaben. Wird in Wettkampfgruppen mit drei Mitspielern gearbeitet, können alle 42 Aufgaben verwendet werden, dann lösen alle Schülerinnen und Schüler vierzehn Aufgaben. Die Menge der Aufgaben kann jedoch aus Zeitgründen reduziert werden. Eine Wettkampfgruppe mit mehr als vier Mitspielern sollte vermieden werden.

Gruppenturnier „Umwandeln von Größen"

Das erste Beispiel stammt aus Klasse 5 und behandelt das Umwandeln von Größen. Dieses Turnier kann die Arbeit mit Größen im Unterricht abschließen. In der Vorlage sind Aufgaben für Masse, Länge und Zeit zu finden - sowohl mit als auch ohne Dezimalschreibweise. Die Aufgaben sind so angelegt, dass eine Bearbeitung ohne schriftliche Nebenrechnung möglich sein sollte. Es gibt aber Schülerinnen und Schüler, die als hauptsächlich visuelle Lerntypen darauf angewiesen sind sich die Aufgaben zu notieren, um sie lösen zu können. Dies muss die Lehrkraft abhängig von der Lerngruppe entscheiden. Eine Variation besteht darin, jeweils ein Turnier zu Längen, ein Turnier zu Massen und eins zu Zeiten durchzuführen.

Gruppenturnier „Rechnen mit Dezimalzahlen"

Das Beispiel stammt aus Klasse 5/6 und kann die Arbeit mit Dezimalzahlen im Unterricht abschließen. In der Vorlage sind Aufgaben zum Größenvergleich und zu allen Rechenarten zu finden. Die Aufgaben sind ebenfalls so angelegt, dass eine Bearbeitung ohne schriftliche Nebenrechnung möglich sein sollte. Es gibt aber Schülerinnen und Schüler, dic als hauptsächlich visuelle Lerntypen darauf angewiesen sind, sich die Aufgaben zu notieren, um sie lösen zu können. Dies muss die Lehrkraft abhängig von der Lerngruppe entscheiden. Eine Variation besteht darin, jeweils ein Turnier zur Addition, ein Turnier zur Subtraktion etc. durchzuführen. Außerdem lassen sich mit Hilfe dieser Vorlage schnell entsprechende Vorlagen für Gruppenturniere zu den Themen Bruchzahlen bzw. Rechnen mit rationalen Zahlen erzeugen.

Gruppenturnier „Lineare Funktionen und Gleichungen"

Dieses Beispiel stammt aus Klasse 7/8, es geht um Lineare Funktionen und um einfache lineare Gleichungen. Laut Vorlage müssen für Lineare Funktionen Funktionsgleichungen bestimmt und Graphen gezeichnet werden. Außerdem sollen lineare Gleichungen gelöst werden. Bei diesem Turnier muss somit auf jeden Fall schriftlich gearbeitet werden, die Schülerinnen und Schüler benötigen also Schreibzeug und Zeichengerät. Eventuelle Zeitvorgaben müssen entsprechend angepasst werden. Insgesamt hat die Vorlage deshalb auch nur 33 Karten, sonst dauert das Turnier zu lange. **Hinweis:** Bei den abgebildeten Graphen muss die Lösung vom Prüfer nach hinten umgeknickt werden, danach darf der Prüfling den Graphen natürlich betrachten, um daraus eine Funktionsgleichung zu bestimmen.

[32] Wellenreuther, Martin: Lehren und Lernen – aber wie? Empirisch-experimentelle Forschungen zum Lehren und Lernen im Unterricht, Baltmannsweiler, 5.Auflage, S. 387

[33] Ebd. S. 388

Gruppenturnier „Kurvendiskussion"

Auch in der Sekundarstufe II lässt sich das Gruppenturnier mit Erfolg durchführen. Im vorliegenden Beispiel sind kleinere Elemente der Kurvendiskussion auf den Karten verarbeitet worden. Dazu gehören zum Beispiel Fragen nach Symmetrie, nach Verhalten im Unendlichen, nach Nullstellen, nach Extrem- und Wendestellen. Der Schwierigkeitsgrad ist bewusst nicht so hoch angesetzt, um ein schnelles Durcharbeiten der Karten zu ermöglichen. Im Übrigen kann hier sehr gut mit der Variante gearbeitet werden, dass andere Gruppenmitglieder nach einer falschen Antwort des Prüflings die Möglichkeit erhalten, die Aufgabe zu lösen und dafür Punkte zu bekommen.

Die Vorlage besteht nur aus 21 Karten, dies hat zwei Gründe: Zum einen kann in der Oberstufe die Wettkampfphase eines Gruppenturniers sehr gut in Dreiergruppen durchgeführt werden. Dabei übernimmt der Protokollant auch die Rolle des Zeitwächters. Zum anderen sind die älteren Schülerinnen und Schüler schnell in der Lage anhand dieser Vorlage weitere Aufgaben für ein Gruppenturnier zu entwerfen. Dieses Vorgehen erhöht den Lernerfolg erheblich.

COPY **Gruppenturnier Größen umwandeln I**

Wandle in die angegebene Einheit um: 31 kg (g) **Lösung: 31 000 g**	Wandle in die angegebene Einheit um: 3 min (sec) **Lösung: 180 sec**	Wandle in die angegebene Einheit um: 1 t (mg) **Lösung: 1 000 000 000 mg**
Wandle in die angegebene Einheit um: 3 g (mg) **Lösung: 3 000 mg**	Wandle in die angegebene Einheit um: 5 Tage (h) **Lösung: 120 h**	Wandle in die angegebene Einheit um: 80 kg (g) **Lösung: 80 000 g**
Wandle in die angegebene Einheit um: 125 000 g (t) **Lösung: 0,125 t**	Wandle in die angegebene Einheit um: 4 h (min) **Lösung: 240 min**	Wandle in die angegebene Einheit um: 7,5 t (kg) **Lösung: 7 500 kg**
Wandle in die angegebene Einheit um: 19 t (kg) **Lösung: 19 000 kg**	Wandle in die angegebene Einheit um: 360 min (h) **Lösung: 6 h**	Wandle in die angegebene Einheit um: 5,5 kg (g) **Lösung: 5 500 g**
Wandle in die angegebene Einheit um: 3 t (g) **Lösung: 3 000 000 g**	Wandle in die angegebene Einheit um: 2 Jahre (Tage) (Kein Schaltjahr) **Lösung: 730 Tage**	Wandle in die angegebene Einheit um: 2,3 kg (mg) **Lösung: 2 300 000 mg**
Wandle in die angegebene Einheit um: 34 000 mg (g) **Lösung: 34 g**	Wandle in die angegebene Einheit um: 2 Tage (h) **Lösung: 48 h**	Wandle in die angegebene Einheit um: 45 kg (t) **Lösung: 0,045 t**
Wandle in die angegebene Einheit um: 6 000 mg (kg) **Lösung: 0,006 kg**	Wandle in die angegebene Einheit um: 1 800 sec (min) **Lösung: 30 min**	Wandle in die angegebene Einheit um: 2 000 g (mg) **Lösung: 2 000 000 mg**

COPY

Gruppenturnier Größen umwandeln II

Wandle in die angegebene Einheit um: 7 t (kg) **Lösung: 7 000 kg**	Wandle in die angegebene Einheit um: 4 m (dm) **Lösung: 40 dm**	Wandle in die angegebene Einheit um: 5 000 cm (m) **Lösung: 50 m**
Wandle in die angegebene Einheit um: 80 kg (g) **Lösung: 80 000 g**	Wandle in die angegebene Einheit um: 7 h (min) **Lösung: 420 min**	Wandle in die angegebene Einheit um: 470 m (mm) **Lösung: 470 000 mm**
Wandle in die angegebene Einheit um: 170 mm (m) **Lösung: 0,170 m**	Wandle in die angegebene Einheit um: 11 Tage (h) **Lösung: 330 h**	Wandle in die angegebene Einheit um: 7 km (dm) **Lösung: 70 000 dm**
Wandle in die angegebene Einheit um: 5,5 t (g) **Lösung: 5 500 000 g**	Wandle in die angegebene Einheit um: 8,5 cm (m) **Lösung: 0,085 m**	Wandle in die angegebene Einheit um: 700 dm (cm) **Lösung: 7 000 cm**
Wandle in die angegebene Einheit um: 45 m (cm) **Lösung: 4 500 cm**	Wandle in die angegebene Einheit um: 200,7 m (dm) **Lösung: 2 007 dm**	Wandle in die angegebene Einheit um: 4 t (kg) **Lösung: 4 000 kg**
Wandle in die angegebene Einheit um: 0,8 g (mg) **Lösung: 800 mg**	Wandle in die angegebene Einheit um: 27 mg (g) **Lösung: 0,027 g**	Wandle in die angegebene Einheit um: 1 500 g (kg) **Lösung: 1,500 kg**
Wandle in die angegebene Einheit um: 8 000 kg (t) **Lösung: 8 t**	Wandle in die angegebene Einheit um: 0,8 m (cm) **Lösung: 80 cm**	Wandle in die angegebene Einheit um: 30 mm (cm) **Lösung: 3 cm**

COPY **Gruppenturnier Rechnen mit Dezimalzahlen I**

Berechne: 0,71 + 0,3 **Lösung: 1,01**	Berechne: 0,5 + 0,2 **Lösung: 0,7**	Berechne: 0,06 + 0,12 **Lösung: 0,18**
Berechne: 0,15 + 0,71 **Lösung: 0,96**	Berechne: 1,5 + 3,3 **Lösung: 4,8**	Berechne: 12,2 + 10,6 **Lösung: 22,8**
Berechne: 100,7 + 5,7 **Lösung: 106,4**	Berechne: 0,005 + 1,05 **Lösung: 1,055**	Berechne: 0,7 – 0,5 **Lösung: 0,2**
Berechne: 0,9 – 0,04 **Lösung: 0,86**	Berechne: 0,85 – 0,62 **Lösung: 0,23**	Berechne: 1,7 – 0,65 **Lösung: 1,05**
Berechne: 5,78 – 4,7 **Lösung: 1,08**	Berechne: 24,88 – 12,5 **Lösung: 12,38**	Berechne: 50,3 – 18,6 **Lösung: 31,7**
Berechne: 0,09 – 0,002 **Lösung: 0,088**	Berechne: O,4 • 0,5 **Lösung: 0,20**	Berechne: 0,3 • 0,8 **Lösung: 0,24**
Berechne: 0,9 • 0,11 **Lösung: 0,099**	Berechne: 1,1 • 0,6 **Lösung: 0,66**	Berechne: 1,2 • 7 **Lösung: 8,4**

COPY

Gruppenturnier Rechnen mit Dezimalzahlen II

Berechne: 1,5 • 60 **Lösung: 90,0**	Berechne: 100 • 7,88 **Lösung: 788**	Berechne: 10 • 0,654 **Lösung: 6,54**
Berechne: 0,654 • 100 **Lösung: 65,4**	Berechne: 567,4 • 100 **Lösung: 56740**	Berechne: 2,4 : 2 **Lösung: 1,2**
Berechne: 1,6 : 2 **Lösung: 0,8**	Berechne: 1,5 : 3 **Lösung: 0,5**	Berechne: 5,6 : 10 **Lösung: 0,56**
Berechne: 7,5 : 100 **Lösung: 0,075**	Berechne: 11,5 : 10 **Lösung: 1,15**	Berechne: 445,1 : 1000 **Lösung: 0,4451**
Berechne: 1,1 • 10 + 4,3 **Lösung: 15,3**	Berechne: 40,2 : 10 – 0,02 **Lösung: 4,00**	Berechne: 4,55 + 3,4 – 1,2 **Lösung: 6,75**
Welche Zahl ist kleiner? 17,06 oder 17,66 **Lösung: 17,06**	Welche Zahl ist kleiner? 2,55 oder 2,505 **Lösung: 2,505**	Welche Zahl ist kleiner? 0,01 oder 0,1 **Lösung: 0,01**
Welche Zahl ist kleiner? 2,25 oder 2,21 **Lösung: 2,21**	Welche Zahl ist kleiner? 0,701 oder 0,71 **Lösung: 0,701**	Berechne: 7,8 – 1,8 + 5,5 **Lösung: 11,5**

COPY

Gruppenturnier Lineare Funktionen I

$4x + 3 = 7 + 3x$ **Lösung: x = 4**	$4x - 1 = 2x + 9$ **Lösung: x = 5**	$x/3 + 1 = 3$ **Lösung: x = 6**
$x - 1 = -x + 2$ **Lösung: x = 1,5**	$10x + 8 = 6x + 16$ **Lösung: x = 2**	$5 + 4x = x + 20$ **Lösung: x = 5**
$7x = -49$ **Lösung: x = -7**	$-8x = 88$ **Lösung: x = -11**	$15x + 16 = 31$ **Lösung: x = 1**
$45 = 5x - 15$ **Lösung: x = 12**	$4x + (3x - 5) = 3x + 7$ **Lösung: x = 3**	$6x + 3 = 2x + 11$ **Lösung: x = 2**
$14x + 13 = 62 + 7x$ **Lösung: x = 7**	$26 + 28x = -(30 - 14x)$ **Lösung: x = -4**	$5 + 2x + 8 + x = x + 22 + x$ **Lösung: x = 9**
$8x + 7 = 5x - (x - 23)$ **Lösung: x = 4**	$7x + 5 - 3x = 15 - 4x + 6$ **Lösung: x = 2**	$3(2x - 5) - 5x = 5$ **Lösung: x = 20**
$2x + 3 + 5x = 19 - (6x - 10)$ **Lösung: x = 2**	$-9x - 2(4 - 2x) = -14 - 2x$ **Lösung: x = 2**	$5 + 3x + 8 = 2(x + 11)$ **Lösung: x = 9**

COPY

Gruppenturnier Lineare Funktionen II

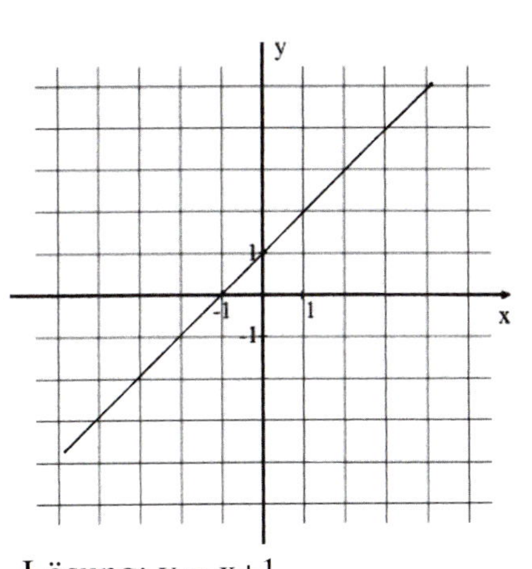

Lösung: $y = x+1$

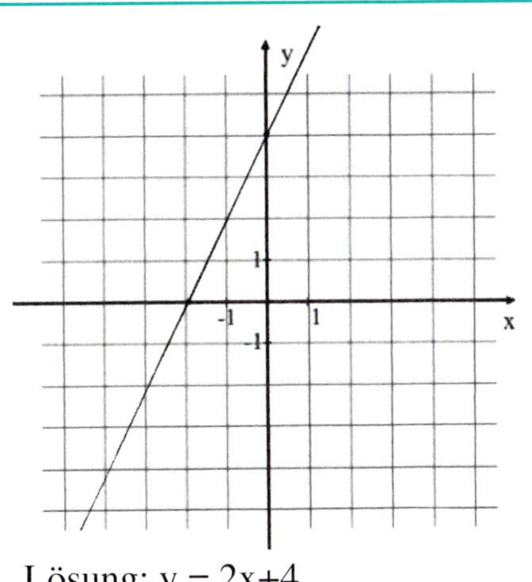

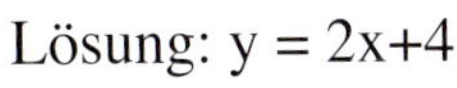

Lösung: $y = 2x+4$

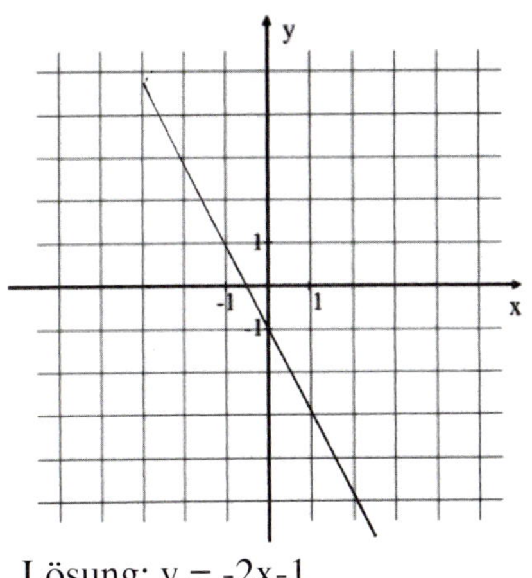

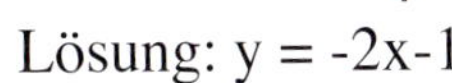

Lösung: $y = -2x-1$

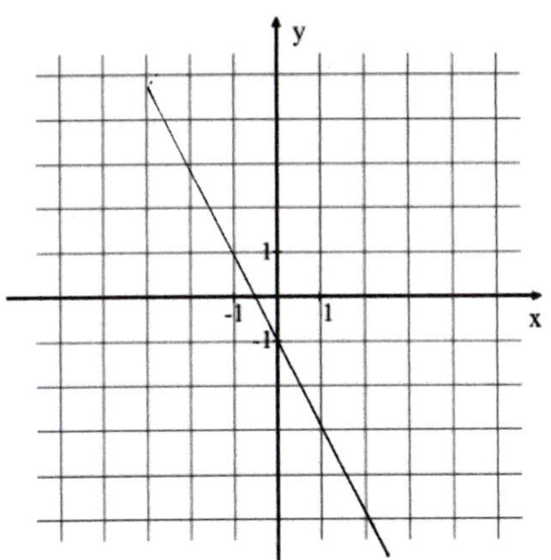

Lösung: $y = -2x-1$

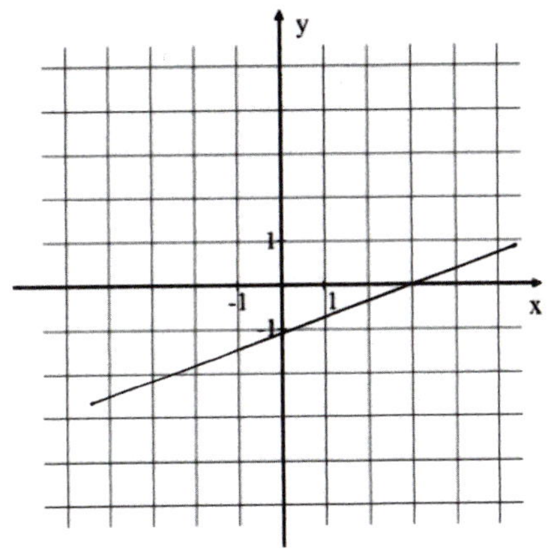

Lösung: $y = \frac{1}{3}x-1$

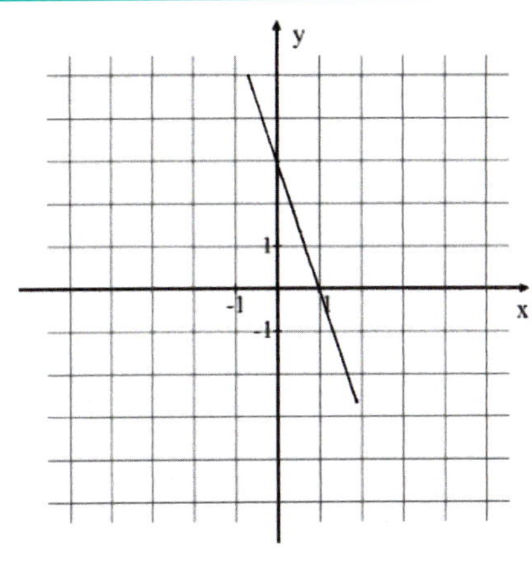

Lösung: $y = -\frac{1}{3}x+3$

$y= 7x -5$

Bestimme die Steigung und den y-Achsenabschnitt.

Lösung: m = 7, b = -5

$y = -2x +7$

Bestimme die Steigung und den y-Achsenabschnitt.

Lösung: m = -2; b = 7

$y= 1{,}5x-2{,}5$

Bestimme die Steigung und den y-Achsenabschnitt.

Lösung: m = 1,5; b = -2,5

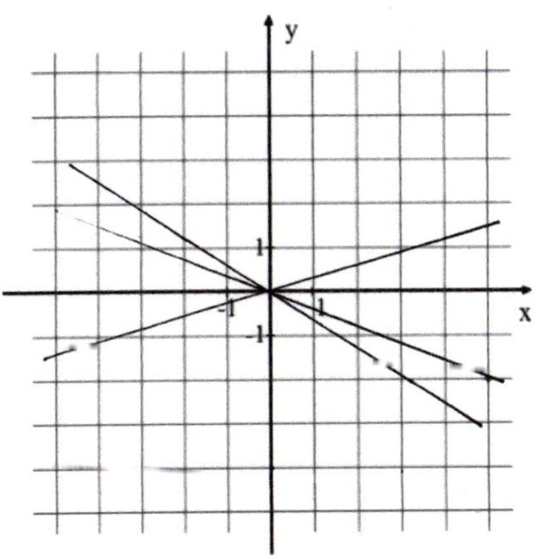

Was haben diese Geraden gemeinsam?

Lösung: b = 0

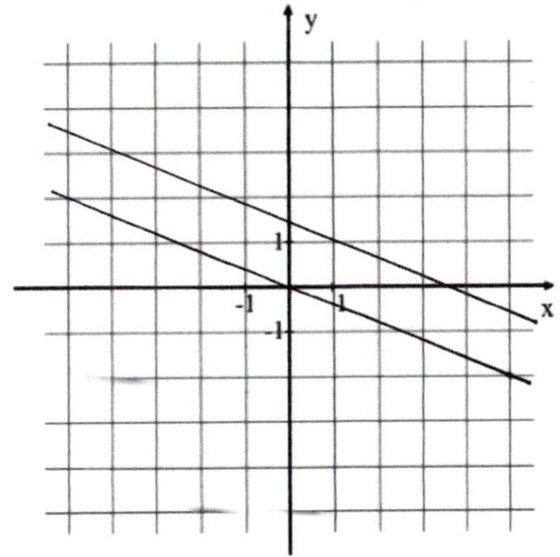

Was haben diese Geraden gemeinsam?

Lösung: gleiche Steigung m

P =(0/2) ; Q =(1/ 4)

Wie heißt die Gleichung der linearen Funktion, die durch diese beiden Punkte verläuft?

Lösung: y = 2x+2

COPY Gruppenturnier Kurvendiskussion

Ist die Funktion f mit $f(x) = x^2+4$ symmetrisch? Wenn ja, welcher Art? **Lösung: achsensymmetrisch**	Ist die Funktion f mit $f(x) = x^3-3$ symmetrisch? Wenn ja, welcher Art? **Lösung: Nein**	Ist die Funktion f mit $f(x) = x^3+4x$ symmetrisch? Wenn ja, welcher Art? **Lösung: punktsymmetrisch**
Bestimmen Sie die Nullstellen der Funktion f: $f(x) = x^2 - 4$ **Lösung: $x = 2$; $x = -2$**	Bestimmen Sie die Nullstellen der Funktion f: $f(x) = x^2 + 9$ **Lösung: keine**	Bestimmen Sie die Nullstellen der Funktion f: $f(x) = x^3 - 27$ **Lösung: $x = 3$**
Bestimmen Sie die Nullstellen der Funktion f: $f(x) = x^3 + 27$ **Lösung: $x = -3$**	Bestimmen Sie die Nullstellen der Funktion f: $f(x) = x(x-1)$ **Lösung: $x = 0$; $x = 1$**	Bestimmen Sie die Nullstellen der Funktion f: $f(x) = x^2 – 4x$ **Lösung: $x = 0$; $x = 4$**
Berechnen Sie die möglichen Extremstellen von f: $f(x) = x^3 – 15 x 2$ **Lösung: $x = 0$; $x = 10$**	Berechnen Sie die möglichen Extremstellen von f: $f(x) = 1/3x^3 – 3x$ **Lösung: $x = \sqrt{3}$; $x = -\sqrt{3}$**	Berechnen Sie die möglichen Extremstellen von f: $f(x) = 4x^4 – 32x +1$ **Lösung: $x = 3$**
Welches Verhalten zeigt die Funktion f im Unendlichen? $f(x) = x(x-1)(x+2)$ **Lösung: f. $x\to\infty$ geht $y\to\infty$ f. $x\to -\infty$ geht $y\to -\infty$**	Welches Verhalten zeigt die Funktion f im Unendlichen? $f(x) = -4x^4 – 32x +1$ **Lösung: f. $x\to \pm\infty$ geht $y\to -\infty$**	Welches Verhalten zeigt die Funktion f im Unendlichen? $f(x) = x^3+4x+3$ **Lösung: f. $x\to\infty$ geht $y\to-\infty$ f. $x\to -\infty$ geht $y\to -\infty$**
Berechnen Sie die Steigung des Funktionsgraphen von f an der Stelle $x = 3$: $f(x) = 1/4x4 – 3x + 1$ **Lösung: $m = 24$**	Berechnen Sie die Steigung des Funktionsgraphen von f an der Stelle $x = 1$: $f(x) = x^3+4x -2$ **Lösung: $m = 7$**	Berechnen Sie die Steigung des Funktionsgraphen von f an der Stelle $x = -1$: $f(x) = x(x-1)$ **Lösung: $m = -3$**
Berechnen Sie die möglichen Wendestellen von f: $f(x) = x^3 – 1{,}5x^2$ **Lösung: $x= 0{,}5$**	Berechnen Sie die möglichen Wendestellen von f: $f(x) =1/3x^3 – 3x$ **Lösung: $x = 0$**	Berechnen Sie die möglichen Wendestellen von f: $f(x) = x^4 – 3{,}5x +1$ **Lösung: $x = 0$**

Ergebnisbogen Wettkampfphase Gruppenturnier

Thema:

Aufgabe											
Wettkampf-Teilnehmer	1	2	3	4	5	6	7	8	9	10	Summe der Punkte

Teamauswertung Gruppenturnier

Name des Teams:

Name der Teammitglieder	Erreichte Punktzahl im Turnier	Gesamtpunktzahl

Gruppen-Ergebnis Gruppenturnier

Thema:

Name des Teams	Gesamtpunktzahl

COPY

Reflexion nach dem Gruppenturnier

Einzelreflexion:

Bin ich mit meinem Ergebnis im Turnier zufrieden?

Gab es Probleme?

Was hat mit geholfen? Was hat mich motiviert?

Gibt es etwas, was ich noch besser machen könnte?

Gruppenreflexion:

Sind wir insgesamt mit unserem Gruppenergebnis zufrieden?

War unsere Vorbereitung auf das Turnier effektiv?

Können wir noch etwas für die Zukunft verbessern?

Unsere Ziele für die weitere Arbeit:

Unterschriften:

Gruppenturnier Leervorlage

Lösung:	Lösung:	Lösung:
Lösung:	Lösung:	Lösung:
Lösung:	Lösung:	Lösung:
Lösung:	Lösung:	Lösung:
Lösung:	Lösung:	Lösung:
Lösung:	Lösung:	Lösung:
Lösung:	Lösung:	Lösung:
Lösung:	Lösung:	Lösung:

4.4 Partnerpuzzle

Funktionen im Unterricht

- Erarbeiten
- Wiederholen
- Üben
- und andere

Vorbemerkung

Das Partnerpuzzle[34] ist eine arbeitsteilige Methode mit hoher Schüleraktivität und großer Verantwortung für den eigenen Lernprozess und den Lernprozess der Partner. Die Schülerinnen und Schüler benötigen hierfür bestimmte personale, soziale und methodische Kompetenzen, um die Qualität des Vermittlungsprozesses sicher zu stellen. Andernfalls verläuft diese Phase schnell chaotisch und wenig effektiv, so dass der Stoff im Unterricht noch einmal vermittelt werden muss. Es ist deshalb wichtig, das „Unterrichten" mit Hilfe von überschaubaren Aufgaben einzuüben und zu reflektieren.

Vorbereitung

Ein Themengebiet wird in zwei Teilbereiche geteilt, die nicht voneinander abhängen. In jeder Gruppe erhalten zwei Schüler die Aufgabe A und zwei die Aufgabe B. Die beiden Schulterpartner können dabei problemlos zusammenarbeiten.

Durchführung

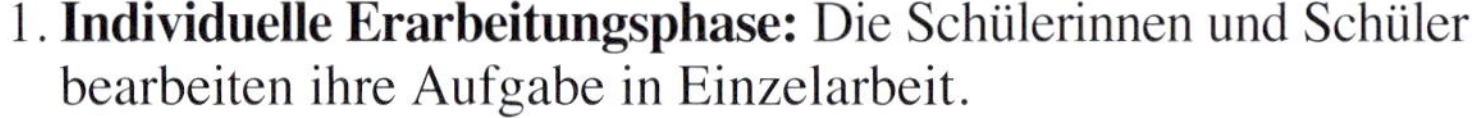

1. **Individuelle Erarbeitungsphase:** Die Schülerinnen und Schüler bearbeiten ihre Aufgabe in Einzelarbeit.

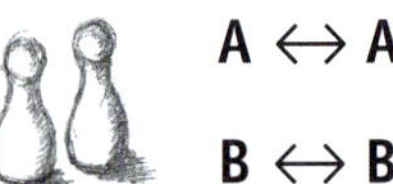

2. **Kooperative Erarbeitungsphase:** Zwei Schüler mit derselben Aufgabe vergleichen ihre Ergebnisse und korrigieren bzw. ergänzen sich.

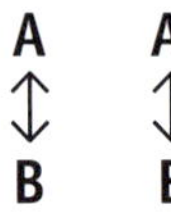

3. **Vermittlungsphase:** Innerhalb der Gruppe werden neue Partner gewählt, so dass nun zwei Schüler miteinander arbeiten, die zuvor unterschiedliche Aufgaben bearbeitet haben. Effektiv ist es die beiden Augenpartner miteinander arbeiten zu lassen. Wechselseitig stellen sie sich die Aufgaben vor und beantworten Nachfragen. Die Schülerinnen und Schüler lernen in dieser Phase voneinander.

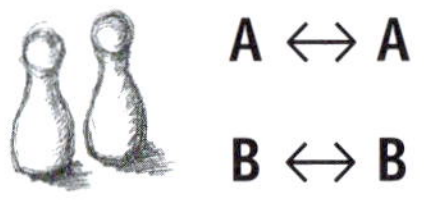

4. **Sicherungsphase (Doppelter Boden):** Die Schülerinnen und Schüler treffen sich wieder mit ihrem ursprünglichen Partner und arbeiten gemeinsam den neu gelernten Stoff auf. Sie klären ab, was ihnen bei der Vermittlung noch aufgefallen ist bzw. welche Rückfragen offen geblieben sind. So können letzte Wissenslücken geschlossen werden.

5. **Auswertung:** Je nach Aufgabenstellung und Lerngruppe kann es sinnvoll sein, Ergebnisse im Plenum noch einmal kurz vorstellen zu lassen bzw. anzusprechen.

[34] Brüning, Saum, Bd. 1, S. 76ff

Reflexion

Da hier neue Fähigkeiten angeleitet und erworben werden sollen, ist eine geeignete Reflexion besonders wichtig. Diese kann mit dem „Reflexionsbogen Partnerpuzzle" durchgeführt werden.

Tipps für den Unterricht

- **Hausaufgaben:** Die Einzelarbeit zu Beginn kann gut in einer vorbereitenden Hausaufgabe erledigt werden.
- **Überschaubare Aufgaben:** Die Aufgaben sollten nicht zu komplex sein, damit die Bearbeitung nicht zu lange dauert und die Vermittlung des Gelernten die Schülerinnen und Schüler nicht überfordert.
- **Vermittlung des Gelernten:** Die Schülerinnen und Schüler sollten sich bereits in Phase 2 gemeinsam darüber Gedanken machen, welches die zentralen Informationen sind und wie sie diese dem Partner in Phase 3 vermitteln wollen. Es bietet sich an, durch Fragen zu überprüfen, ob der Partner das Erklärte verstanden hat. Diese Fragen sollten schon vorher formuliert werden. In ungeübten Lerngruppen muss dieses Vorgehen durch einen entsprechenden Arbeitsauftrag angeleitet werden.

Alternatives Vorgehen

- **Vorstellung der fremden Aufgabe:** Ein höherer Schwierigkeitsgrad kann erreicht werden, indem die Schülerinnen und Schüler in der gemeinsamen Auswertungsphase nicht ihre eigene sondern die fremde Aufgabe vorstellen. Das sollte jedoch vorher immer angekündigt werden.

Beispiele aus dem Unterricht

Partnerpuzzle „Pyramiden"

Die Aufgabe zur Cheopspyramide aus Kapitel 3 ist durchaus geeignet, daraus ein Partnerpuzzle zu konstruieren. Dazu müssen nur geringfügige Änderungen vorgenommen werden.

Partnerpuzzle „Flächen erkunden"

Oft eignen sich auch Aufgaben aus einem Schulbuch zur Konstruktion eines Partnerpuzzles. Allerdings ist dann ein modifizierter Arbeitsauftrag notwendig, wie das folgende Beispiel[35] aus Klasse 5 zum Thema „Flächen erkunden" zeigt. Mit Hilfe von zwei Kartenabbildungen sollen die Schülerinnen und Schüler hier näherungsweise Flächeninhalte bestimmen.

In Klasse 5 muss die Fähigkeit, eine Aufgabe und ihre Lösung einem anderen Schüler zu vermitteln, noch erworben werden. Dazu sollten die Aufgabe und die Lösung für die Schülerinnen und Schüler überschaubar und nicht zu schwer sein. Außerdem ist es wichtig, die Schülerinnen und Schüler dazu anzuleiten, ihre eigene Vorgehensweise schriftlich festzuhalten, um mit Hilfe der Aufzeichnungen den Lösungsweg erläutern zu können. Das Vorstellen der Vorgehensweise kann dann auch erst einmal zusammen mit dem ersten Partner trainiert werden. In diesem Puzzle sind die gewählten Aufgaben einander ähnlich, so dass die Vorgehensweise bei der fremden Aufgabe gut nachvollzogen werden kann. Dies erleichtert auch den Austauschprozess. Ein geeigneter Arbeitsauftrag könnte so aussehen:

[35] Lambacher Schweizer 5. Mathematik für Gymnasien. NRW 2009. S. 129, Nr. 7, 8.

Aufgabe A: S. 129, Nr. 7a

Überlege dir eine geeignete Methode mit der du näherungsweise den Flächeninhalt des Ammersees bestimmen könntest.

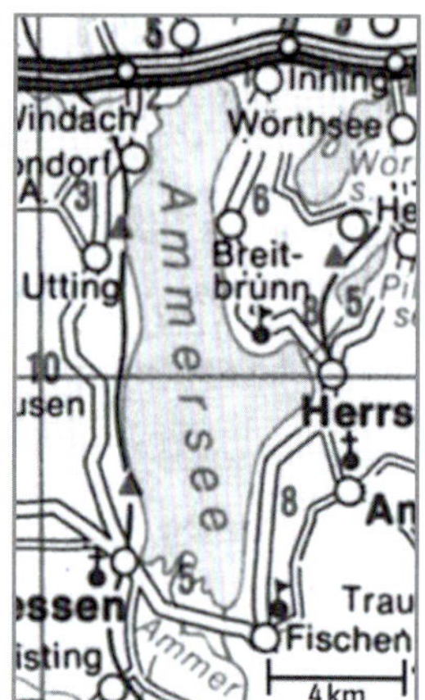

a) Vergleicht eure Ideen miteinander. Entscheidet euch für eine Vorgehensweise und führt die näherungsweise Bestimmung durch. Für die anschließende Vorstellung des Ergebnisses hält jeder von euch euer Vorgehen in Stichpunkten in seinem Heft schriftlich fest.

b) Überlegt, was bei einer Präsentation zu beachten ist. Übt dann die Präsentation eurer Aufgabe A, stellt euch dazu noch einmal gegenseitig mit Hilfe eurer Aufzeichnungen die Vorgehensweise und das Ergebnis vor.

Stelle jetzt deinem neuen Partner Vorgehensweise und Ergebnis der Aufgabe A mit Hilfe deiner Aufzeichnungen vor. Im Anschluss daran stellt Partner B seine Lösung der Aufgabe B vor. Mache dir dabei Notizen zum Lösungsweg.

Besprich jetzt mit deinem ersten Partner die Aufgabe B und klärt gemeinsam offene Fragen oder Probleme. Können diese nicht geklärt werden, sollte eine Rückfrage an die beiden Partner B gerichtet werden oder die Frage anschließend im Plenum besprochen werden.

Aufgabe B: S. 129, Nr. 8

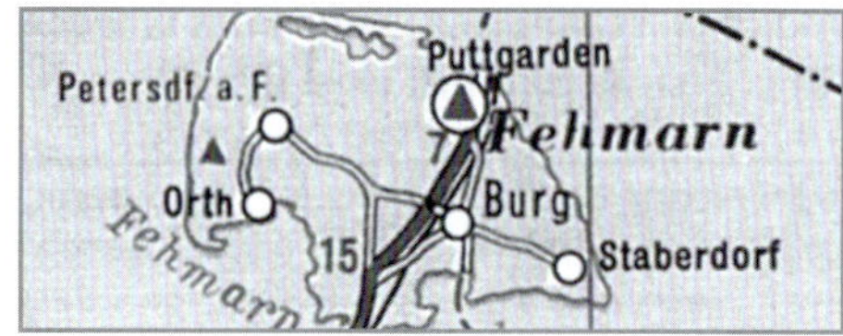

Die Orte Burg und Puttgarden sind 6 km voneinander entfernt (Luftlinie).

Überlege dir eine geeignete Methode mit der du näherungsweise den Flächeninhalt der Insel Fehmarn bestimmen könntest.

a) Vergleicht eure Ideen. Entscheidet euch für eine Vorgehensweise und führt die näherungsweise Bestimmung durch. Für die anschließende Vorstellung des Ergebnisses hält jeder von euch euer Vorgehen in Stichpunkten in seinem Heft schriftlich fest.

b) Überlegt, was bei einer Präsentation zu beachten ist. Übt dann die Präsentation eurer **Aufgabe B**, stellt euch dazu noch einmal gegenseitig mit Hilfe eurer Aufzeichnungen die Vorgehensweise und das Ergebnis vor.

Zuerst stellt dir dein neuer Partner seine Lösung der **Aufgabe A** vor. Mache dir dabei Notizen zum Lösungsweg. Stelle ihr/ihm anschließend Vorgehensweise und Ergebnis deiner **Aufgabe B** mit Hilfe deiner Aufzeichnungen vor.

Besprich mit deinem ersten Partner die **Aufgabe A** und klärt gemeinsam offene Fragen oder Probleme. Können diese nicht geklärt werden, sollte eine Rückfrage an die beiden Partner A gerichtet werden oder die Frage anschließend im Plenum besprochen werden.

Reflexionsbogen Partnerpuzzle

1) Wie beurteilst du die Arbeit mit deinem Partner?

Kriterien	++	+	– –	–	Vergleich mit dem Partner	Bemerkungen
Lernklima						
Ich arbeite gern mit meinem Partner zusammen						
Ich höre meinem Partner zu.						
Wir lassen uns gegenseitig ausreden.						
Wir klären Probleme miteinander.						
Wir helfen uns gegenseitig.						
Arbeitsphase						
Wir besprechen die Aufgaben gemeinsam.						
Wir entscheiden gemeinsam.						
Wir sind gleichrangig an der Arbeit beteiligt.						
Wir arbeiten erfolgreich zusammen.						
Präsentationsphase						
Ist die Präsentation unserer Ergebnisse gut gelungen?						
Hat mein Partner die präsentierte Aufgabe verstanden?						

2) Gemeinsame Auswertung eurer Reflexion

a) Vergleiche nun deinen Bogen mit dem deines Partners.
Stimmt ihr überein? Gibt es entscheidende Unterschiede?
Schreibe auf, was euch aufgefallen ist.

b) Was könnt ihr beim nächsten Mal besser machen?

4.5 Gruppenpuzzle

Funktionen im Unterricht

- Erarbeiten von neuen Lehrinhalten
- Vertiefen von bekannten Fachinhalten aus unterschiedlichen Perspektiven
- Anwenden bekannter Fachinhalte aus unterschiedlichen Perspektiven
- und andere

Vorbemerkung

Das Gruppenpuzzle ist eine Methode zur arbeitsteiligen Wissensvermittlung. Es handelt sich hier um das anspruchsvollste Lernarrangement aus dem Bereich des Kooperativen Lernens.[36] Die Durchführung eines Gruppenpuzzles verlangt von den Schülerinnen und Schülern die Fähigkeit, sich Inhalte zu erarbeiten und diese Inhalte in angemessener Form erklären und erläutern zu können. Deshalb muss die Lehrperson sorgfältig abwägen, ob die dafür benötigten Kompetenzen in der Lerngruppe bereits alle zur Verfügung stehen beziehungsweise ob und wie sie im Rahmen des Gruppenpuzzles erworben werden können. Das Gruppenpuzzle kann besonders lernwirksam sein, da die Schülerinnen und Schüler durch das wechselseitige Unterrichten zu einer effektiven Aneignung des Lerngegenstands gelangen und gleichzeitig vielfältige prozessorientierte Kompetenzen entwickeln und vertiefen können.

Die Schülerinnen und Schüler bearbeiten verschiedene Materialien aus unterschiedlichen Teilbereichen eines Themas und werden so zu Expertinnen und Experten auf ihrem Gebiet. Dazu arbeiten sie in der jeweiligen Expertengruppe für einen Teilbereich zusammen. Anschließend vermitteln sie das erworbene Wissen an die Mitglieder ihrer Stammgruppe. Die Kenntnisse über alle Teilbereiche des Themas werden dann beispielsweise für die Bearbeitung einer weiterführenden Gruppenaufgabe benötigt. Geeignete Themen für ein Gruppenpuzzle zeichnen sich dadurch aus, dass sie sich in drei bis vier voneinander unabhängige Bereiche unterteilen lassen.

Durchführung

Alle Schülerinnen und Schüler gehören einer Stammgruppe und zeitweise einer Expertengruppe an.

Individuelle Erarbeitungsphase: Die Schülerinnen und Schüler erarbeiten ihre Teilgebiete individuell.

Kooperative Erarbeitungsphase (Expertengruppen): Die Ergebnisse aus der Einzelarbeitsphase werden verglichen und ausstehende Fragen werden in der Gruppe geklärt. Gemeinsam wird überlegt, was und wie in der nächsten Phase vermittelt werden soll.

Vermittlungsphase (Stammgruppen): Der Reihe nach vermittelt jeder Experte das Wissen aus seinem Teilbereich innerhalb seiner Stammgruppe. Die anderen Schülerinnen und Schüler können Fragen stellen, sollten sich Notizen machen und beispielsweise mit Hilfe des neu erworbenen Wissens Aufgaben lösen.

Sicherung/Weiterarbeit: Nun folgt eine Sicherung im Plenum. Diese Sicherungsphase im Plenum sollte vor die Weiterarbeit in den Stammgruppen geschoben werden. Im Anschluss bearbeiten die Stammgruppen eventuell eine weiterführende Aufgabe.

[36] Vgl. Brüning Saum, Bd. 1. S. 111ff.

Tipps für den Unterricht

- **Gruppenzuordnung:** Es empfiehlt sich die Basisgruppen als Stammgruppen auszuwählen. Die Expertenthemen werden dann nach Sitzordnung (Numbered Heads) verteilt: Die Schüler aus den Gruppen Rot, Orange, Gelb und Grün bilden eine Expertengruppe. Dabei treffen sich alle Schüler mit dem Buchstaben A, alle mit dem Buchstaben B usw. Das gleiche gilt für die anderen Farbgruppen. Wenn es insgesamt nur sieben Farbgruppen gibt, sitzen dann entsprechend drei oder vier Schüler zusammen in den Expertengruppen.

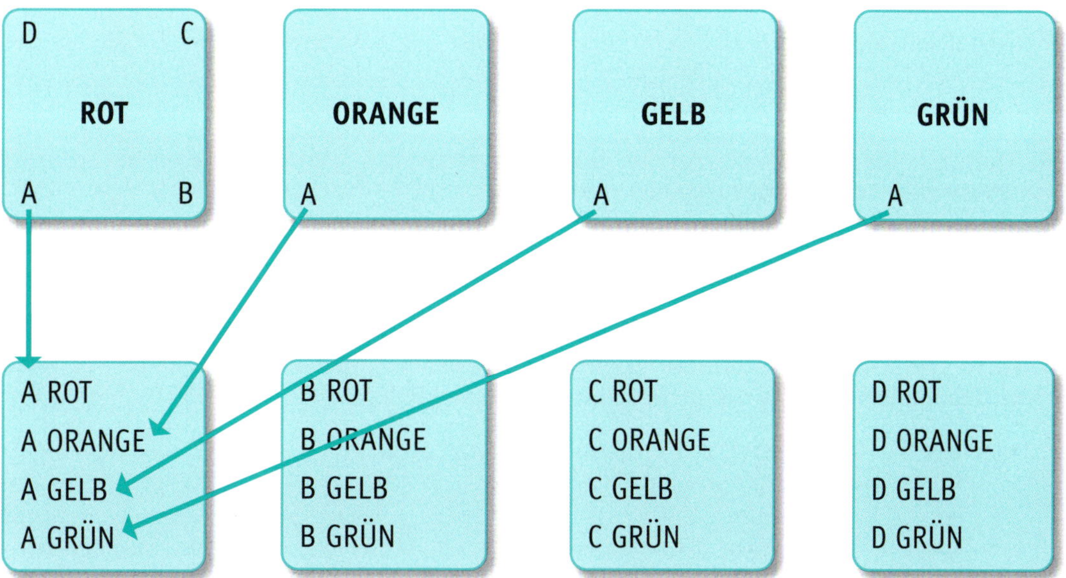

- **Materialauswahl:** Der Schwerpunkt liegt auf der Vermittlung selbst angeeigneten Wissens. Das Material sollte also ausreichend Informationen und Erklärungen beinhalten.
- **Kontrollfragen:** In der zweiten Phase (Kooperative Erarbeitung) können sich die Schülerinnen und Schüler der jeweiligen Expertengruppen gemeinsam Kontrollfragen und deren Lösungen überlegen, die in der dritten Phase (Vermittlung in den Stammgruppen) von den anderen gelöst werden sollen. So kann überprüft werden, ob die präsentierten Inhalte verstanden worden sind. Es ist aber auch möglich, dass die Lehrperson in ungeübten Gruppen die Kontrollfragen vorgibt, um den Lernenden für die Erarbeitung und die anschließende Vermittlung eine Kontrollmöglichkeit an die Hand zu geben.
- **Vermittlungsphase:** Die Expertengruppen können gestufte Hilfen für die „Belehrung" der Stammgruppenmitglieder erhalten, dies ist in ungeübten Gruppen besonders wichtig.
- **Zweite Expertenphase:** Es kann sinnvoll sein, nach der Vermittlungsphase noch einmal in die Expertengruppen zu gehen, um eventuelle Schwierigkeiten beim Vorstellen der eigenen Inhalte zu besprechen und zu reflektieren. Dazu gehört auch Verbesserungsmöglichkeiten für die Zukunft aufzuzeigen.
- **Fehlende Schüler:** Fehlen Schülerinnen und Schüler einer Stammgruppe, kann es sinnvoll sein, die betreffende Gruppe aufzulösen und die Schülerinnen und Schüler auf andere Stammgruppen zu verteilen.
- **Sicherung:** Ist der Lernstoff relevant für den weiteren Unterricht, ist eine gemeinsame Sicherung im Plenum empfehlenswert. Speziell in ungeübten Lerngruppen kann so sichergestellt werden, dass der Lernstoff verstanden wurde.
- **Mini-Gruppenpuzzle:** Die Vorgehensweise ähnelt der beim Gruppenpuzzle, allerdings werden einzelne Phasen verkürzt und der Schwierigkeitsgrad der Aufgaben und somit die benötigte Zeit verringert.

Alternatives Vorgehen

- **Gruppenzuordnung:** Die Expertenthemen können auch von den Mitgliedern der Stammgruppen selbst untereinander verteilt werden. Dann muss diese Phase am Anfang eingeschoben werden.

- **Differenzierung nach Leistung:** Leistungsschwächere Schülerinnen und Schüler können das Gruppenpuzzle auch im Tandem mit anderen durchlaufen. Und/Oder die Expertengruppen werden abhängig vom Schwierigkeitsgrad des jeweiligen Expertenthemas zusammengesetzt. Leistungsstärkere Schülerinnen und Schüler bearbeiten dann anspruchsvollere Teilthemen. Dies bietet sich insbesondere dann an, wenn die Expertenthemen einen unterschiedlichen Schwierigkeitsgrad aufweisen.

- **Visualisierung:** In geübten Lerngruppen können die Schülerinnen und Schüler in der zweiten Phase ein kleines didaktisches Konzept entwickeln und gegebenenfalls Materialien zur Visualisierung erstellen.

- **Material:** Wenn es sinnvoll erscheint, kann einzelnen oder allen Schülerinnen und Schülern das gesamte Material ausgehändigt werden.

- **Verzicht auf Weiterarbeit:** Ein Gruppenpuzzle kann auch nach der Sicherungsphase beendet werden. Dies kann aus unterschiedlichen Gründen – beispielsweise Zeitmangel – sinnvoll sein.

- **Differenzierung nach Tempo:** Schnellere Gruppen können eine Erweiterungsaufgabe bearbeiten und ihre Ergebnisse dann im Plenum vorstellen.

- **Vier-Ecken-Gespräch:** Die Expertenrunde kann auch in Form eines Vier-Ecken-Gespräches organisiert werden. In jeder Ecke des Klassenraumes trifft sich dann eine Expertengruppe. Diese ist dann natürlich größer als sonst je nach Klassengröße sechs bis acht Schülerinnen und Schüler. Diese Variante kann eingesetzt werden, wenn die Schülerinnen und Schüler es gewohnt sind, auch in größeren Gruppen zu arbeiten und wenn das zu erstellende Material für die Vermittlung nicht zu viel Aufwand erfordert. Die Vorteile des Vier-Ecken-Gespräches bestehen darin, dass, das Wechseln an die Expertentische entfällt und Zeit eingespart wird.

Forschungsergebnisse zur Wirksamkeit

Empirisch-experimentelle Forschungen haben in Bezug auf das Gruppenpuzzle eine Effektstärke (vgl. 4.3) von + 0,12 ergeben.[37] Zum Vergleich: Das Gruppenturnier (vgl. 4.3) weist eine Effektstärke von + 0,4 auf. Dieser Unterschied ergibt sich möglicherweise aus den oben schon genannten hohen Anforderungen, die an die Schülerinnen und Schüler beim Gruppenpuzzle gestellt werden. Dies gilt sowohl für die Erarbeitungsphase als auch für die Vermittlungsphase. Es kann zur Überforderungen kommen im Hinblick auf das neu zu erarbeitende Wissen, aber auch im Hinblick auf die Vermittlung dieses Wissens an die Stammgruppenmitglieder.

Beispiele aus dem Unterricht

Das Gruppenpuzzle eignet sich für viele mathematische Themen. Voraussetzung ist, dass sich die Themen in drei bis vier voneinander unabhängige Teilthemen unterteilen lassen. Diese dürfen aber nicht hierarchisch aufgebaut sein und sollten im Anspruchsniveau auch nicht zu stark voneinander abweichen.

Es findet sich auch in Schulbüchern geeignetes Aufgabenmaterial für Gruppenpuzzle. An einem Beispiel aus der Geometrie möchte ich die Konstruktion eines solchen Gruppenpuzzles vorstellen.

[37] Wellenreuther, Martin: Lehren und Lernen – aber wie? Empirisch-experimentelle Forschungen zum Lehren und Lernen im Unterricht, Baltmannsweiler, 5.Auflage, S. 388

Gruppenpuzzle „Dreieckskonstruktionen“

Die Schülerinnen und Schüler sollten bereits über Kenntnisse zur Konstruktion von Dreiecken verfügen. Ansonsten benötigen die Schüler Hilfen in Form von Konstruktionshinweisen/Skizzen. Mit Hilfe dieses Mini-Gruppenpuzzles sollen die Schüler zum ersten Mal Konstruktionsbeschreibungen erarbeiten. Zu Beginn der Arbeit werden die Arbeitsanweisungen an die einzelnen Schüler verteilt, das heißt in der Stammgruppe bekommt jedes Mitglied A, B, C, D einen anderen Arbeitsauftrag. Dieser Arbeitsauftrag begleitet die Schüler durch den gesamten Arbeitsprozess. Die Lehrperson übernimmt die Aufgabe die einzelnen Phasen und Wechsel anzusagen und zu organisieren. Es kann auch hilfreich sein, bereits Zeitvorgaben auf dem Arbeitsblatt anzugeben. Die Phase der Sicherung beginnt in der GA2 in der Stammgruppe mit der Bearbeitung ausgewählter Aufgaben aus dem Schulbuch. Dabei kann auf das jeweils eingeführte Schulbuch zurückgegriffen werden.

COPY Gruppenpuzzle Dreieckskonstruktion I

Gruppe SSS:

a) Zeichne ein Dreieck mit den folgenden Angaben:

$a = 6$ cm, $b = 5{,}5$ cm, $c = 8$ cm

Fertige dazu zuerst eine Planfigur an, in die du die angegebenen Größen farbig einträgst. Konstruiere dann das Dreieck,

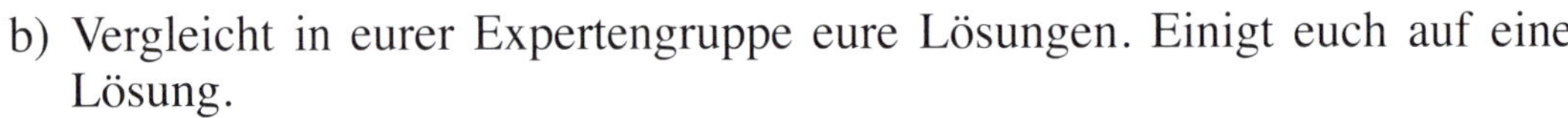

b) Vergleicht in eurer Expertengruppe eure Lösungen. Einigt euch auf eine Lösung.

c) Beschreibt anschließend euer Vorgehen so, dass man erkennen kann, wie ihr die Zeichnung erstellt habt (Konstruktionsbeschreibung).

d) Überlegt gemeinsam, wie ihr eure Konstruktionsaufgabe und die dazu gehörende Beschreibung am besten in eurer Stammgruppe vermitteln könnt.

e) Stellt euch in eurer Stammgruppe gegenseitig eure Konstruktionsaufgaben und die dazu gehörende Beschreibung vor.

f) Bearbeitet nun mit Hilfe eurer erworbenen Kenntnisse die angegebenen Aufgaben aus dem Buch.

g) Zufällig ausgewählte Gruppenmitglieder stellen jeweils eine Aufgabe aus dem Buch an der Tafel vor.

Gruppe SWS:

a) Zeichne ein Dreieck mit den folgenden Angaben:

$c = 6$ cm, $b = 4{,}5$ cm, $\alpha = 70^0$

Fertige dazu zuerst eine Planfigur an, in die du die angegebenen Größen farbig einträgst. Konstruiere dann das Dreieck,

b) Vergleicht in eurer Expertengruppe eure Lösungen. Einigt euch auf eine Lösung.

c) Beschreibt anschließend euer Vorgehen so, dass man erkennen kann, wie ihr die Zeichnung erstellt habt (Konstruktionsbeschreibung).

d) Überlegt gemeinsam, wie ihr eure Konstruktionsaufgabe und die dazu gehörende Beschreibung am besten in eurer Stammgruppe vermitteln könnt.

e) Stellt euch in eurer Stammgruppe gegenseitig eure Konstruktionsaufgaben und die dazu gehörende Beschreibung vor.

f) Bearbeitet nun mit Hilfe eurer erworbenen Kenntnisse die angegebenen Aufgaben aus dem Buch.

g) Zufällig ausgewählte Gruppenmitglieder stellen jeweils eine Aufgabe aus dem Buch an der Tafel vor.

Gruppenpuzzle Dreieckskonstruktion II

Gruppe WSW:

a) Zeichne ein Dreieck mit den folgenden Angaben:

$c = 7$ cm, $\alpha = 520$, $\beta = 450$

Fertige dazu zuerst eine Planfigur an, in die du die angegebenen Größen farbig einträgst. Konstruiere dann das Dreieck,

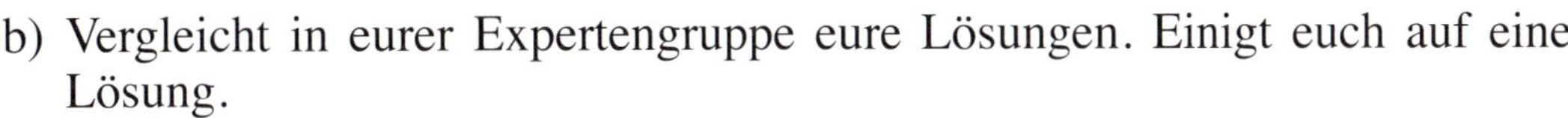

b) Vergleicht in eurer Expertengruppe eure Lösungen. Einigt euch auf eine Lösung.

c) Beschreibt anschließend euer Vorgehen so, dass man erkennen kann, wie ihr die Zeichnung erstellt habt (Konstruktionsbeschreibung).

d) Überlegt gemeinsam, wie ihr eure Konstruktionsaufgabe und die dazu gehörende Beschreibung am besten in eurer Stammgruppe vermitteln könnt.

e) Stellt euch in eurer Stammgruppe gegenseitig eure Konstruktionsaufgaben und die dazu gehörende Beschreibung vor.

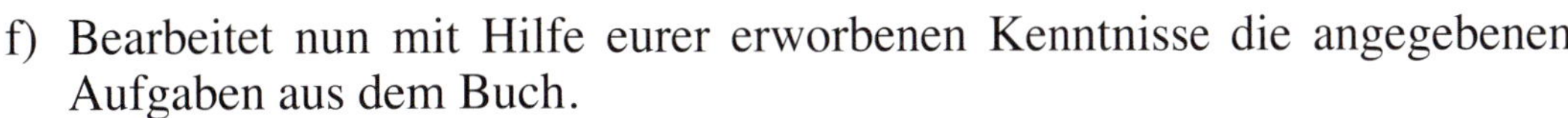

f) Bearbeitet nun mit Hilfe eurer erworbenen Kenntnisse die angegebenen Aufgaben aus dem Buch.

g) Zufällig ausgewählte Gruppenmitglieder stellen jeweils eine Aufgabe aus dem Buch an der Tafel vor.

Gruppe sSW:

a) Zeichne ein Dreieck mit den folgenden Angaben:

$c = 6$ cm, $b = 7$ cm, $\beta = 74^0$

Fertige dazu zuerst eine Planfigur an, in die du die angegebenen Größen farbig einträgst. Konstruiere dann das Dreieck,

b) Vergleicht in eurer Expertengruppe eure Lösungen. Einigt euch auf eine Lösung.

c) Beschreibt anschließend euer Vorgehen so, dass man erkennen kann, wie ihr die Zeichnung erstellt habt (Konstruktionsbeschreibung).

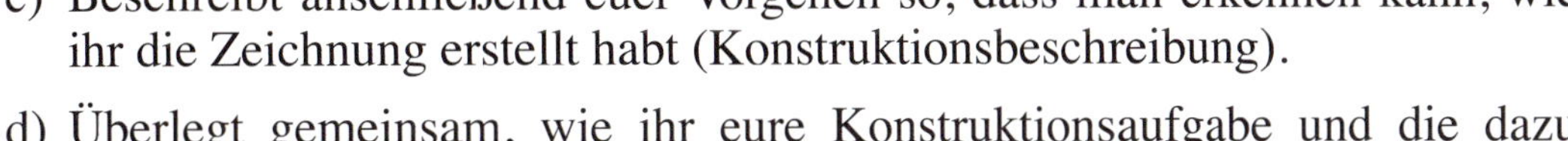

d) Überlegt gemeinsam, wie ihr eure Konstruktionsaufgabe und die dazu gehörende Beschreibung am besten in eurer Stammgruppe vermitteln könnt.

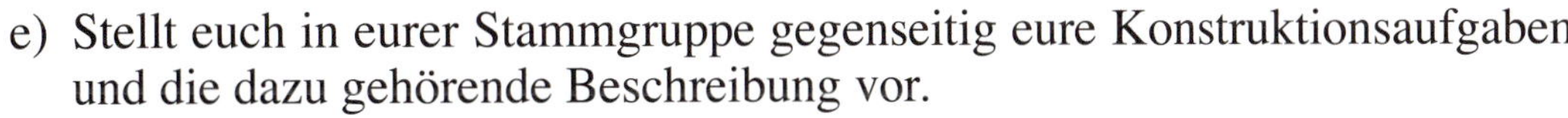

e) Stellt euch in eurer Stammgruppe gegenseitig eure Konstruktionsaufgaben und die dazu gehörende Beschreibung vor.

f) Bearbeitet nun mit Hilfe eurer erworbenen Kenntnisse die angegebenen Aufgaben aus dem Buch.

g) Zufällig ausgewählte Gruppenmitglieder stellen jeweils eine Aufgabe aus dem Buch an der Tafel vor.

4.6 Struktur-Lege-Techniken

Alles, was wir lernen, wird im Gedächtnis in Form von Begriffsnetzen (vgl. 1) abgespeichert, auch semantische Netzwerke genannt. Mit Struktur-Lege-Techniken können die Schülerinnen und Schüler ihre eigenen semantischen Netzwerke sichtbar machen, mit anderen Netzen vergleichen und dadurch ihr Wissen festigen und erweitern.

Die Sortieraufgabe ist die einfachste Struktur-Lege-Technik. Sie kann mit dem Legen eines Strukturnetzes kombiniert werden. Werden in diesem Strukturnetz die Zusammenhänge, die zwischen den Begriffen gesehen werden, mit kurzen Worten noch über die Pfeile und Linien geschrieben, die die Begriffe miteinander verbinden, entsteht eine Concept Map.

4.6.1 Sortieraufgabe

Ziel

- Wissen und Kenntnisse wiederholen und überprüfen
- Wissenslücken in einem System zentraler Begriffe diagnostizieren

Funktionen im Unterricht

- Überprüfen gelernter Fachinhalte
- Entwickeln gemeinsamer Begriffsklärungen

Vorbemerkung

Gearbeitet wird mit Begriffen, die zu einem bestimmten Thema gehören, diese werden auf Karten geschrieben. Die Schülerinnen und Schüler sortieren diese Begriffskarten. Begriffe, die so gut verstanden sind, dass sie einer anderen Person erklärt werden können, werden auf einen Stapel gelegt. Begriffe, welche nicht oder nicht richtig verstanden sind, werden auf einen anderen Stapel gelegt. Die Lernenden bearbeiten dann in Partnerarbeit die Stapel mit den Begriffen. Im Plenum werden bis zuletzt übrig gebliebene unklare Begriffe gemeinsam besprochen.

Die Sortieraufgabe dient dazu, dass die Lernenden beim Repetieren denjenigen Begriffen besondere Aufmerksamkeit schenken, mit deren Anwendung sie Mühe haben. Mit einer Sortieraufgabe kann aber auch zum Beispiel sichergestellt werden, dass beim Legen eines Strukturnetzes schon vorab alle Begriffe geklärt worden sind.

Durchführung

Individuelle Erarbeitungsphase

Jeder hat die Aufgabe, seine Karten zu sortieren und aus den Karten drei Stapel zu bilden:

Stapel 1: Ich kenne die Begriffe und kann sie meinem Gegenüber erklären.

Stapel 2: Ich kenne die Begriffe, bin mir aber unsicher und benötige Hilfe.

Stapel 3: Daran kann ich mich nicht mehr erinnern. / Davon habe ich noch nie etwas gehört.

Kooperative Bearbeitungsphase

1. Die Partner erklären sich zunächst im Wechsel die Begriffe von ihrem ersten Stapel.
2. Anschließend stellen sie sich gegenseitig ihren zweiten Stapel vor und versuchen durch das Wissen und die Hilfe des Partners die eigenen Lücken zu schließen. Falls dies nicht möglich ist, lassen sie die Begriffe offen, um sie dann in einem Plenums-Gespräch zu klären.
3. Falls für die Partner im dritten Stapel noch Begriffe ungeklärt sind, schauen sie noch einmal gemeinsam in ihre Unterlagen oder benutzen Nachschlagewerke und versuchen so, zusammen ihre Wissenslücken zu schließen. Falls dies nicht möglich ist, lassen sie die Begriffe offen, um sie dann im Plenum zu klären.

Plenumsphase/Sicherung

Der Lehrer legt eine Folie mit den Begriffen auf und markiert zunächst die noch ausstehenden Begriffe aus den zweiten bzw. dritten Stapeln. Anschließend werden diese Punkte kurz thematisiert. Falls sich herausstellt, dass viele Schülerinnen und Schüler mit diesen Begriffen Probleme haben, sollte dazu noch eine vertiefende Wiederholung erfolgen.

Tipps für den Unterricht

- **Materialgrundlage:** Alle zentralen Begriffe, die zu einem bestimmten Thema gehören, werden von der Lehrperson gesammelt und auf Karten vorgegeben.
- **Materialherstellung:** Die Begriffe werden so auf Karten geschrieben, dass auf jeder Karte ein Begriff steht. Jeder Lernende erhält einen kompletten Kartensatz. Entweder sind die Karten schon ausgeschnitten worden oder die Schülerinnen und Schüler übernehmen das selbst. Laminierte Kartensätze können immer wieder verwendet werden.
- **Hausaufgaben:** Die individuelle Erarbeitungsphase kann auch in eine vorbereitende Hausaufgabe verlegt werden.

Alternatives Vorgehen

- **Material:** Die Begriffe können, wenn das Thema dieses erlaubt, auch von den Schülerinnen und Schülern gesammelt werden. Dieses Vorgehen ermöglicht so das direkte Anknüpfen am Vorwissen der Schüler.

- **Zuordnen von Eigenschaften:** Sortieraufgaben mit Vorgabe einer mathematischen Eigenschaft können zum Beispiel dazu dienen, das Verständnis von Eigenschaften in einem bestimmten mathematischen Zusammenhang zu überprüfen. So kann beispielsweise die Kenntnis des Begriffs „Seitenverhältnis" untersucht werden, indem man Rechtecke nach ihrem Seitenverhältnis sortieren lässt. Dazu werden Karten mit Abbildungen von unterschiedlichen Rechtecken benötigt. Diese Sortieraufgaben dienen somit als Instrument zur Beurteilung eines Begriffsbildungsprozesses.

Beispiele aus dem Unterricht

Für die Sortieraufgabe können die Beispiele aus 4.6.2 verwendet werden.

4.6.2 Strukturnetz

Ziel

- Wissen und Kenntnisse wiederholen und überprüfen
- Wissenslücken in einem System zentraler Begriffe diagnostizieren
- Fachinhalte ordnen und nachhaltig speichern

Funktionen im Unterricht

- Überprüfen gelernter Fachinhalte
- Vornehmen gemeinsamer Begriffsklärungen
- Vernetzen

Vorbemerkung

Strukturnetze geben die wesentlichen fachspezifischen Zusammenhänge übersichtlich und geordnet wieder, sie entstehen allerdings nach den Vorstellungen der Lernenden.

Erarbeitete Strukturnetze werden nach ihrer Fertigstellung möglichst aufgeklebt und durch Verbindungslinien, Oberbegriffe und/ oder Visualisierungen ergänzt. Sie können als kognitive Landkarten bei der Vorbereitung auf Klassenarbeiten und Prüfungen Verwendung finden. Strukturnetze, die die einzelnen Begriffe nur assoziativ verknüpfen und die fachlich-strukturellen Grundlagen nicht berücksichtigen, geben Anlass zur Überarbeitung.

Eine ähnliche Vorgehensweise wie bei den Kooperativen Karten (vgl. 2) stellt Individuelle Verantwortung und Positive Abhängigkeit sicher. Die Verantwortung für den eigenen Lernprozess und für das Gruppenergebnis ist beim Legen von Strukturnetzen von zentraler Bedeutung. Jedes Gruppenmitglied leistet aufgrund seiner Fähigkeiten und seiner Aufgabenverantwortung einen Beitrag zum gemeinsamen Erfolg der Gruppe, das erzeugt positive Abhängigkeit.

Durchführung

Vorbereitung

Pro Gruppe muss ein Kartensatz zur Verfügung stehen. Die Begriffskarten für das Strukturnetz werden soweit möglich gleichmäßig an die Gruppenmitglieder verteilt.

Individuelle Erarbeitungsphase

Jedes Gruppenmitglied liest sich die Begriffe auf den erhaltenen Karten aufmerksam durch und überlegt sich, in welchem Zusammenhang die Begriffe stehen könnten. Sollte ein Begriff unklar bleiben, ist es wichtig, dies in der anschließenden Phase anzusprechen.

Gruppen-Phase

Die Gruppenmitglieder legen abwechselnd ihre Karten ab. Dies erfolgt nach vorgegebenen Regeln, die die Positive Abhängigkeit und die individuelle Verantwortlichkeit der Gruppenmitglieder sicher stellen. Entsprechend ihres inhaltlichen Zusammenhangs werden dabei die Karten vom jeweiligen Karteninhaber passend angelegt oder ein neuer thematischer Strang eröffnet. Sollte die Gruppe während der weiteren Arbeit feststellen, dass eine Kartenposition nicht korrekt ist, können Karten nach gemeinsamer Absprache auch verschoben werden. So entsteht ein von der gesamten Gruppe gemeinsam erarbeitetes Strukturnetz.

Präsentation

Nach Einigung auf ein gemeinsames Strukturnetz werden die Karten auf eine Vorlage geklebt. Es ist auch möglich, Oberbegriffe auf leere Karten zu schreiben und diese zu ergänzen, um die Struktur noch deutlicher hervorzuheben. Beziehungen zwischen den Begriffen können durch Pfeile und Linien gekennzeichnet werden. Jede Gruppe bereitet so eine Präsentation ihrer Lösung vor. Die Präsentation erfolgt an den einzelnen Tischen. Geeignet ist dabei zum Beispiel das Vorgehen in einem Galeriegang.

Reflexion

Die Reflexionsbögen für die Arbeit mit den Kooperativen Karten (vgl. 2.5) sind mit geringen Modifikationen für das Legen der Strukturnetze einsetzbar.

Tipps für den Unterricht

- **Materialgrundlage:** Alle zentralen Begriffe, die zu einem bestimmten Thema gehören, werden von der Lehrperson gesammelt und auf Karten vorgegeben.
- **Materialherstellung:** Auf jeder Karte steht genau ein Begriff. Jeder Lernende erhält einen kompletten Kartensatz. Entweder sind die Karten schon ausgeschnitten oder die Schülerinnen und Schüler übernehmen das selbst. Laminierte Kartensätze können immer wieder verwendet werden.
- **Hausaufgaben:** Die individuelle Erarbeitungsphase kann auch in eine vorbereitende Hausaufgabe verlegt werden.

Alternatives Vorgehen

- **Individuelles Strukturnetz:** Jede Schülerin und jeder Schüler legt in Einzelarbeit die Begriffe in eine für sie/für ihn sinnvolle Struktur. In diesem Fall benötigt natürlich jeder einen vollständigen Kartensatz. Im Anschluss daran erfolgt der Vergleich der entstandenen Strukturnetze in Partner- oder Gruppenarbeit.
- **Material:** Die Begriffe können – wenn das Thema es erlaubt – auch von den Schülerinnen und Schülern selbst gesammelt und erarbeitet werden. Dieses Vorgehen ermöglicht das direkte Anknüpfen an das Vorwissen der Schülerinnen und Schüler.

Beispiele aus dem Unterricht

Strukturnetz „Bruch- und Dezimalzahlen"

Zum Abschluss entsprechender Unterrichtsreihen oder zur Wiederholung sind Zusammenfassungen zum Thema Bruch- bzw. Dezimalzahlen sehr effektiv. Die Vorlage enthält dazu Regeln in Kurzform für beide Zahlbereiche. Alternativ kann natürlich ein Zahlbereich herausgenommen und einzeln bearbeitet werden. Als besonders fruchtbar hat es sich erwiesen, die Schülerinnen und Schüler entsprechende Beispiele für die einzelnen Regeln in das Strukturnetz einfügen zu lassen.

Strukturnetz „Wahrscheinlichkeit"

Die Vorlage kann sowohl in der Sekundarstufe I als auch in der Sekundarstufe II eingesetzt werden. Bei Bedarf müssen aus dem eigenen Unterricht heraus noch Begriffe ergänzt oder für die Sekundarstufe I gestrichen werden.

Strukturnetz „Quadratische Funktionen"

In dieser Vorlage befinden sich Begriffe aus dem Bereich der quadratischen Funktionen, hier kann ebenfalls entsprechend dem eigenen unterrichtlichen Vorgehen ergänzt oder gekürzt werden.

Strukturnetz „Übergangsprozesse/Matrizen"

In der Sekundarstufe II ist das Strukturnetz als kognitive Landkarte zur Vorbereitung auf Klausuren geeignet. In der Vorlage geht es um Übergangsmatrizen. Die Schülerinnen und Schüler können sich durch das Legen dieses Strukturnetzes einen guten Überblick über die Zusammenhänge verschaffen.

4.6.3 Concept Map

Ziel

- siehe Strukturnetz (4.6.2)
- Abhängigkeiten in komplexen Systemen darstellen
- neues Wissen in bestehendes Vorwissen einbetten

Funktionen im Unterricht

- Überprüfen gelernter Fachinhalte
- Vornehmen gemeinsamer Begriffsklärungen
- Erarbeiten neuer Fachinhalte

Vorbemerkung

Die Concept Map ist ein in den 70er und 80er Jahren von Lernpsychologen entwickeltes Verfahren, das für die Visualisierung von Strukturen geeignet ist.

Bei dieser Struktur-Lege-Technik werden Begriffe und die zwischen ihnen bestehenden Beziehungen herausgearbeitet und aufgezeigt. Auf diese Weise wird die hinter einem begrifflich gefassten Thema oder Problem stehende Struktur transparent. Begriffe werden dazu beispielsweise mit einer Umrahmung gekennzeichnet oder auf Karten geschrieben. Beziehungen werden zunächst durch unterschiedliche Pfeil- oder Linienverbindungen dargestellt. Auf den Pfeilen wird dann notiert, in welcher Art von Beziehung die Begriffe stehen.

Die Concept Map ist eine besonders anspruchsvolle grafische Strukturierungsform[38], die hohe Anforderungen an die Schülerinnen und Schüler stellt. Deshalb ist es sinnvoll, im Unterricht zuerst Strukturnetze legen zu lassen und dann Schritt für Schritt die Verbindungen und ihre Beschriftungen zu thematisieren. Dies kann am Anfang auch im Plenum erfolgen.

Durchführung

Um die Positive Abhängigkeit und die Individuelle Verantwortung sicher zu stellen, empfiehlt sich ein ähnliches Vorgehen wie beim Legen eines Strukturnetzes (vgl. 4.6.2). Bei fortgeschrittenen Gruppen kann darauf verzichtet werden.

Beurteilung/Bewertung

Die Beurteilung einer Concept Map kann mit Hilfe eines Bewertungsrasters (vgl. 5.4) und erfolgen. Ein solches Raster eignet sich auch dazu mit den Schülerinnen und Schülern den Aufbau einer Concept Map zu erarbeiten.

Tipps für den Unterricht

- **Hausaufgaben:** Die individuelle Erarbeitungsphase kann auch in eine vorbereitende Hausaufgabe verlegt werden.

Alternatives Vorgehen

- **Material:** Die Begriffe können auch von den Schülerinnen und Schülern selbst gesammelt oder erarbeitet werden. Dieses Vorgehen ermöglicht somit das direkte Anknüpfen am Vorwissen der Schülerinnen und Schüler.

Beispiele aus dem Unterricht

- siehe Strukturnetz (4.6.2)

[38] Brüning/Saum: Erfolgreich unterrichten durch Visualisieren, Essen 2007 S. 73 ff.

Regeln: Strukturnetz legen

Grundsätzlich gilt:

A. Jede Gruppe hat die Aufgabe, die Karten mit den Begriffen strukturiert so zu legen, dass erkennbar wird, wie die Begriffe inhaltlich zusammen gehören.

Am Ende entsteht ein Strukturnetz.

B. Alle Gruppenmitglieder helfen bei der Lösung, jedes Gruppenmitglied legt seine eigenen Karten passend an.

Ablauf der Arbeitsphase:

Die Karten werden möglichst gleichmäßig an die Gruppenmitglieder verteilt.

Jedes Gruppenmitglied liest sich die Informationen auf seinen Karten aufmerksam durch und überlegt sich, ob der Begriff klar ist und in welchem Zusammenhang die Begriffe stehen.

Danach beginnt die Gruppenarbeit.

a) Unklare Begriffe müssen gemeinsam geklärt werden.

b) Wer glaubt, einen wichtigen oder zentralen Begriff gefunden zu haben, legt diese Karte ab. Danach wird im Uhrzeigersinn weiter abgelegt. Entsprechend ihres inhaltlichen Zusammenhangs können dabei weitere Karten passend angelegt oder ein neuer thematischer Strang eröffnet werden.

Bitte beachten:

Karten können nach gemeinsamer Absprache auch verschoben werden.

Nach Einigung auf ein gemeinsames Strukturnetz werden die Karten auf eine Vorlage aufgeklebt. Jede Gruppe bereitet damit eine Präsentation ihrer Lösung vor. Wenn gewünscht: Vorhandene Beziehungen zwischen den Begriffen können durch Pfeile und Linien gekennzeichnet werden. Die Art der Beziehung kann durch eine Beschriftung der Linien verdeutlicht werden.

Ein noch zu bestimmendes Mitglied der Gruppe übernimmt die Präsentation des Strukturnetzes.

Strukturnetz Bruch- und Dezimalzahlen

Addition/Subtraktion von Brüchen	Multiplikation von Brüchen	Division von Brüchen
Hauptnenner ermitteln	Mit dem Kehrwert malnehmen	Zähler mal Zähler durch Nenner mal Nenner
Zum Hauptnenner Erweitern/kürzen	Zähler addieren/subtrahieren Nenner beibehalten	Kürzen, wenn möglich
Addition/Subtraktion von Dezimalzahlen	Multiplikation von Dezimalzahlen	Division von Dezimalzahlen
Komma unter Komma	Ohne Komma multiplizieren	Anzahl aller Kommastellen der Faktoren im Ergebnis von rechts abzählen
Dividend und Divisor so erweitern, dass der Divisor kein Komma mehr hat	Zähler und Nenner mit der gleichen Zahl multiplizieren	Erweitern von Brüchen
Zähler und Nenner mit der gleichen Zahl dividieren	Kürzen von Brüchen	

COPY Strukturnetz Wahrscheinlichkeit

Summenregel	Wahrscheinlichkeit	Pfadregel
Zufallsexperiment	Satz von Bayes	Laplace-Regel
Vier-Felder-Tafel	Baumdiagramm	Bedingte Wahrscheinlichkeit
Relative Häufigkeit	Testen von Hypothesen	Laplace-Experiment
Absolute Häufigkeit	Fehler 1.Art	Fehler 2.Art
Ereignis	Ergebnis	Binomialverteilung
Normalverteilung	Mit Zurücklegen	Ohne Zurücklegen

COPY **Strukturnetz Quadratische Funktionen**

Quadratische Funktion	Grafische Darstellung	Funktionsgleichung
Funktionsterm	Wertetabelle	Normalform
Scheitelpunktform	Scheitelpunkt	Normalparabel
Gestauchte Parabel	Gestreckte Parabel	Verschobene Parabel
Nach oben geöffnet	Nach unten geöffnet	Nullstellen
Schnittpunkt mit der y-Achse	Quadratische Gleichung	

Strukturnetz Übergangsprozesse / Matrizen

Übergangsmatrizen	Rechnen mit Matrizen	Produkt Matrix mal Matrix
Produkt Matrix mal Vektor	Produkt Zahl mal Matrix	Summe Matrix plus Matrix
Produktionsprozesse	Bedarfsmatrix	Stochastische Prozesse
Austauschmatrix	Entwicklungsprozesse	Startverteilung
Übergangsdiagramm	Prozessschritte	Mehrstufige Prozesse
Langfristige Entwicklung	Stabile Verteilung	

5. REFLEXION, EVALUATION UND BEWERTUNG

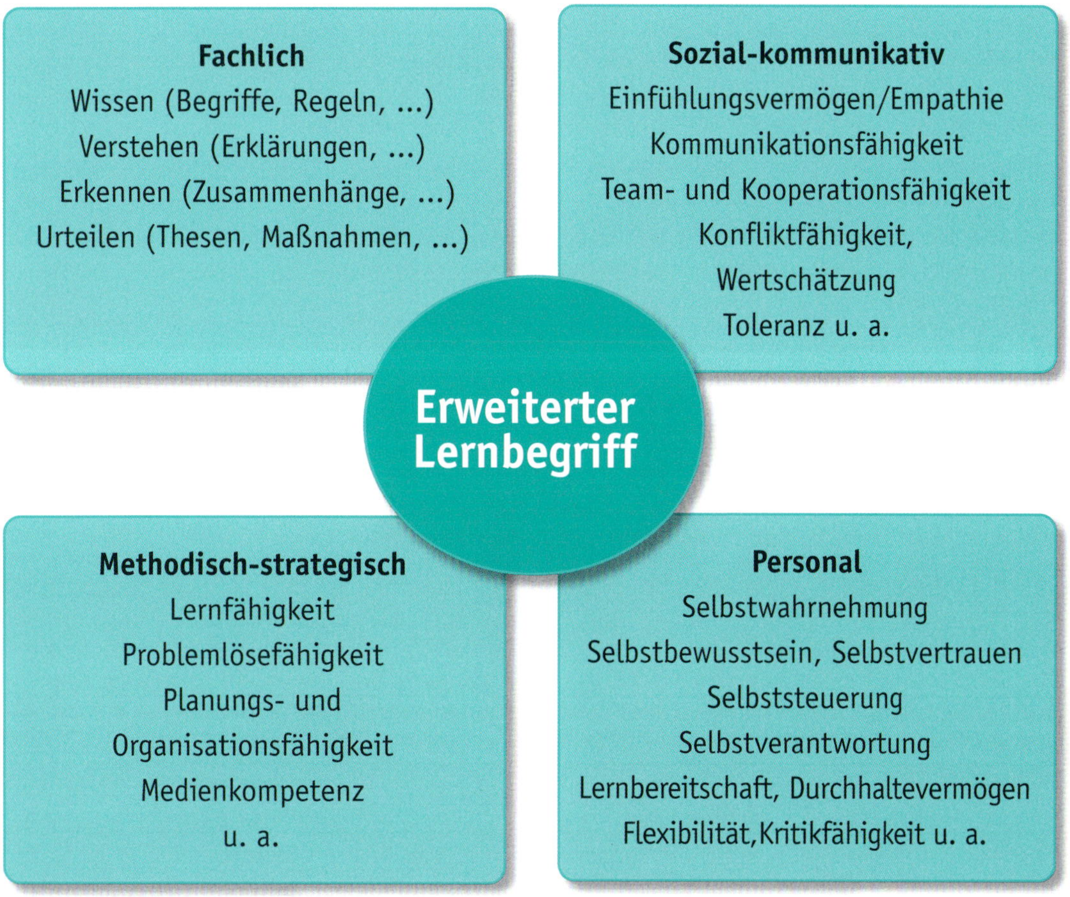

Fachlich
Wissen (Begriffe, Regeln, ...)
Verstehen (Erklärungen, ...)
Erkennen (Zusammenhänge, ...)
Urteilen (Thesen, Maßnahmen, ...)

Sozial-kommunikativ
Einfühlungsvermögen/Empathie
Kommunikationsfähigkeit
Team- und Kooperationsfähigkeit
Konfliktfähigkeit,
Wertschätzung
Toleranz u. a.

Erweiterter Lernbegriff

Methodisch-strategisch
Lernfähigkeit
Problemlösefähigkeit
Planungs- und
Organisationsfähigkeit
Medienkompetenz
u. a.

Personal
Selbstwahrnehmung
Selbstbewusstsein, Selbstvertrauen
Selbststeuerung
Selbstverantwortung
Lernbereitschaft, Durchhaltevermögen
Flexibilität,Kritikfähigkeit u. a.

5.1 Erweiterter ganzheitlicher Lernbegriff

Dem Kooperativen Lernen liegt ein erweiterter Lernbegriff zugrunde, dies impliziert ebenfalls einen neuen erweiterten Leistungsbegriff. Wenn Unterricht auf den Erwerb von fachlichen, methodisch-strategischen, sozial-kommunikativen und personalen Kompetenzen abzielt, kommt die herkömmliche Leistungsbeurteilung an ihre Grenzen. Sie kann die Gesamtheit des unterrichtlichen Geschehens nicht mehr erfassen und abbilden.

Traditionelle Bewertung bezieht sich überwiegend auf den fachlich-inhaltlichen Bereich. Neue Formen der Leistungsbewertung berücksichtigen darüber hinaus Leistungen aus allen vier Kompetenz-Bereichen des erweiterten Lernbegriffs. Unterschiedliche Bewertungs- und Dokumentationsformen eignen sich für die erweiterte Form der Leistungsrückmeldung und der Leistungsbewertung. Dazu gehören Noten, Punktesystem, Berichte zur Lernentwicklung, skalierte Raster wie Kriterien- oder Kompetenzraster, Arbeitsprozessberichte, Lernberichte, Portfolio, verbale Beurteilung und Mischformen daraus.

In Hinblick auf Leistungsbewertung ist jedoch zu beachten, dass eine genaue Trennung der vier Bereiche in der konkreten Unterrichtsituation oft nicht möglich und auch nicht sinnvoll ist. Die Kompetenz Argumentieren beinhaltet beispielsweise fachliche, sozial-kommunikative, personale und methodische Aspekte. Schülerinnen und Schüler, die in einer konkreten Aufgabensituation mathematisch argumentieren, müssen über die entsprechenden Fachkenntnisse verfügen und die notwendigen Fachbegriffe beherrschen. Methodisch kann es hier bedeutsam sein, den Aufbau einer Argumentationskette zu kennen. Sozial-kommunikative Fähigkeiten wie auf die vorherigen Argumente einzugehen oder positive Kritik zu äußern sind ebenfalls förderlich. Weiterhin spielen personale Aspekte wie Vertrauen in die eigenen mathematischen Fähigkeiten oder Kritikfähigkeit eine Rolle.

5.2 Skalierte Raster und Bögen

Skalierte Raster wie Kriterien- oder Kompetenzraster bieten gute Möglichkeiten, die Anforderungen an eine erweiterte Leistungsbewertung zu erfüllen.

Kriterienraster sind tabellarische Kriterienkataloge zur Selbsteinschätzung und/oder Fremdbewertung. Sie umfassen verschiedene Kompetenzstufen, die - angefangen von einem noch stark verbesserungswürdigen Leistungsniveau bis hin zu optimalen Ergebnissen - die einzelnen Qualitätsmerkmale verschiedenster Leistungen abbilden.

Die Verwendung von Kompetenzrastern ist im Mathematikunterricht bereits bekannt. Auch die Kernlehrpläne, die konkrete Standards und vom Schüler zu erwerbende Kompetenzen festlegen, formulieren eine deutliche Empfehlung für solche Raster. Kompetenzraster gehen dabei von einem vorher festgelegten Kompetenzbegriff aus.

Der Begriff „skalierte Raster" ist eine flexible Bezeichnung für Beobachtungs-, Reflexions- und Bewertungsinstrumente aller Art. Ihnen gemeinsam ist die Tatsache, dass alle zu beobachtenden oder zu bewertenden Elemente konkret abgebildet und auf handhabbare Einzelleistungen heruntergebrochen werden. Man spricht hier von Indikatoren, die angeben, woran man erkennen kann, dass ein Kriterium oder eine Kompetenz erfüllt wird und in welchem Maße dies der Fall ist. Für das Kooperative Lernen stellen skalierte Raster wichtige Hilfsinstrumente dar. Dabei stehen Praktikabilität und Wirksamkeit im Vordergrund, während Vollständigkeit und Systematik eher zweitrangig sind.

Für die Lehrperson liegt ein großer Vorteil dieser Raster darin, dass sich die Beobachtung und Bewertung komplexer Prozesse und Arbeitsergebnisse zeitlich deutlich ökonomischer gestalten lassen. Skalierte Raster lassen sich leicht individuell an Unterrichtsinhalte und die Bedürfnisse der Lehrperson und der Lerngruppe anpassen. So können die folgenden Kopiervorlagen im Unterricht eingesetzt und dabei die einzelnen Bögen flexibel ergänzt bzw. abgeändert werden. Nachfolgend werden die Bögen einzelnen Phasen des Kooperativen Lernens zugeordnet (vgl. 5.3).

Bewertungsbögen für die Lehrperson können über die Vergabe von Punkten für die erreichten Kompetenzstufen und die entsprechende Umrechnung ausgewertet und in Noten „umgerechnet" werden. Es ist dabei natürlich möglich, durch eine unterschiedliche Gewichtung der einzelnen Elemente die eigenen unterrichtlichen Prioritäten in den Vordergrund zu stellen (vgl. 5.5).

Die Schülerinnen und Schüler profitieren von skalierten Rastern, weil eine größere Vielfalt ihrer Kompetenzen, zum Beispiel sozial-kommunikative Kompetenzen und die Beteiligung an Arbeitsprozessen bei Partner- oder Gruppenarbeit, als Beurteilungsgrundlage herangezogen werden. Es ist für Schülerinnen und Schüler äußerst hilfreich, wenn alle erwarteten Teilkompetenzen als Indikatoren differenziert schriftlich vorliegen. Sie können so ihre eigenen Leistungen gezielt beobachten und reflektieren und auf den gewonnen Erkenntnissen aufbauend ihre Leistung deutlich steigern. Die Entwicklung von eigenen und gemeinsamen Zielperspektiven gelingt schneller und leichter. In diesem Sinne sind skalierte Raster ein effektives Mittel individualisierten Lernens. Je früher im Arbeitsprozess den Schülerinnen und Schülern diese Raster vorliegen, desto eher können sie sich an ihnen orientieren und davon profitieren und umso besser sind auch die zu erwartenden Ergebnisse.

Aber nicht alle Kompetenzen sind kurzfristig erlernbar. Diese sollten zwar diagnostiziert, aber nicht benotet werden. Grundsätzlich lassen sich Kompetenzen aus dem fachlichen oder dem methodischen Bereich einfacher operationalisieren und messen als sozial-kommunikative oder personale Kompetenzen. Das Kriterium „... arbeitet konzentriert und sorgfältig" kann folglich nicht ohne weiteres benotet werden. Durch eine längerfristige Beobachtung und Erhebung von Daten kann jedoch diagnostiziert werden, ob sich die Arbeitsweise langfristig durch entsprechende Fördermaßnahmen verändert hat. Dazu ist unter anderem regelmäßige Beratung notwendig: Arbeits- und Lerntechniken sollten besprochen und eingeübt werden, hemmende oder störende Faktoren sollten angesprochen und beseitigt werden.

5.3 Bewertungssituationen im Kooperativen Lernen

Im Kooperativen Lernen spielen alle Kompetenzbereiche eine zentrale Rolle. Die nachfolgende Tabelle gibt einen Überblick über die möglichen Bewertungssituationen im Kooperativen Lernen. Um Situationen im Kooperativen Lernen beurteilbar und bewertbar zu machen, bietet es sich an, mit Beobachtungs- und Reflexionsbögen sowie Bewertungsrastern zu arbeiten. Entsprechende Kopiervorlagen sind in diesem Kapitel zu finden.

Es ist sehr effektiv, mit geübten Schülerinnen und Schülern zusammen solche Raster und Bögen in der jeweiligen Situation zu entwickeln, allerdings bleibt dazu oftmals im Unterricht keine Zeit. Die Beteiligung der Schülerinnen und Schüler erhöht jedoch auf jeden Fall die Transparenz und Akzeptanz einer Beurteilung oder Bewertung. Ein Mindestmaß an Beteiligung wird dadurch erreicht, dass alle Bögen und Raster mit den Schülerinnen und Schülern ausführlich besprochen werden. Dabei ist es wichtig, die Kategorien und Kriterien für die Reflexion und die Qualitätsmessung verständlich und nachvollziehbar zu machen. Nur so können die Schülerinnen und Schüler ihren individuellen Lernzuwachs oder die Qualität ihrer Gruppenergebnisse angemessen einschätzen. Dazu ist eine angemessene Rückmeldekultur zwingend notwendig. Kompetenzen wie die Formulierung und Annahme einer sachlichen, wertschätzenden und konstruktiven Rückmeldung sollten bereits vorhanden sein oder parallel eingeübt werden (vgl. 2.5). Dies wird noch wichtiger, wenn die Schülerinnen und Schüler an der Bewertung beteiligt werden.

Wer bewertet? / Was?	Lehrer	Schüler	
		Eigene Leistungen	Leistungen Mitschüler
Einzelarbeit	Bewertung der Einzelleistungen	Reflexion der eigenen fachlichen, personalen und methodischen Fähigkeiten	
Kooperation	Beobachtung und evtl. Bewertung des Kooperationsprozesses/ der sozial-kommunikativen Kompetenzen	Beurteilung sowie Reflexion der eigenen sozial-kommunikativen Fähigkeiten	Wechselseitige Beurteilung der sozial-kommunikativen Fähigkeiten
Partnerarbeit	Beobachtung (Diagnose) und Bewertung des Partnerarbeitsprozesses	Beurteilung sowie Reflexion des Partnerarbeitsprozesses	Wechselseitige Beurteilung des Partnerarbeitsprozesses
Gruppenarbeit	Beobachtung (Diagnose) und Bewertung des Gruppenarbeitsprozesses	Beurteilung sowie Reflexion des Gruppenarbeitsprozesses	Wechselseitige Beurteilung des Gruppenarbeitsprozesses
Produkte	Bewertung von Ergebnissen: ➢ Plakat ➢ Power-Point ➢ Folie ➢ Tafelbild ➢ Visualisierungen ➢ …	Beurteilung der eigenen Ergebnisse	Beurteilung der Ergebnisse anderer
Präsentation	Bewertung von Präsentationen	Beurteilung der eigenen Präsentation	Beurteilung der Präsentation anderer

Siehe Saum/Brüning Deutschunterricht 4-2009, S. 46 und Band 2 ebenda

5.4 Skalierte Raster im kooperativen Unterricht

Skalierte Bögen sind in Stufen unterteilt. Forschungsergebnisse zeigen, dass Bögen mit einer geraden Anzahl von Auswahlmöglichkeiten eine stärkere Auseinandersetzung mit der Fragestellung fördern. Bei einer ungeraden Anzahl von Auswahlmöglichkeiten wird überdurchschnittlich häufig die Mitte angewählt. Bei einer geraden Anzahl muss eine Entscheidung zwischen „eher besser" oder „eher schlechter" getroffen werden.

5.4.1 Einzelarbeit

Der kooperative Dreischritt Denken - Austauschen – Vorstellen stellt die Einzelarbeit allen anderen unterrichtlichen Aktivitäten voran. Um die Leistungen der einzelnen Schüler dabei zu bewerten, können die im Unterricht üblichen Vorgehensweisen genutzt werden.

Mit dem „Reflexionsbogen für die Einzelarbeit" werden vor allem die grundlegenden personalen Kompetenzen wie Selbstwahrnehmung, Selbstbewusstsein, Selbstverantwortung und Selbststeuerung in den Blick genommen. Sie können als personale Basiskompetenzen angesehen werden. Wenn sie ausreichend entwickelt sind, können andere personale aber auch fachliche sowie methodische Kompetenzen leichter erworben werden.

Der „Reflexionsbogen für die Einzelarbeit" gibt Anregungen wie Schülerinnen und Schüler angeleitet werden können, ihre eigenen personalen, fachlichen und methodischen Kompetenzen zu beobachten, zu dokumentieren und zu reflektieren (und eventuell zu diagnostizieren). Auf dieser Basis können die Kompetenzen dann weiter entwickelt werden.

Um die verschiedenen, engen Verknüpfungen der Kompetenzen aufzuzeigen, habe ich diejenigen Kompetenzen, die an der jeweiligen Stelle hauptsächlich eine Rolle spielen, in den Reflexionsbogen eingetragen.

Kriterien	++	+	–	––	**Bemerkungen**
Ich halte meine Materialien bereit.					Methodisch, personal (Sesteu, Sewa)
Ich habe selbstständig die Aufgabenstellung verstanden.					Fachlich/inhaltlich, personal (Sewa, Sebe)
Ich habe sofort angefangen zu arbeiten.					methodisch, personal (SeWa, SeSteu)
Ich habe allein und ruhig gearbeitet.					personal (SeWa, SeVe)
Ich habe mir bei der Bearbeitung Mühe gegeben.					personal (SeWa, SeVe)
Ich habe konzentriert gearbeitet.					methodisch, personal (SeWa, SeSteu)
Ich habe sorgfältig gearbeitet.					methodisch, personal (SeWa, SeVe, SeSteu)
Ich habe meine Arbeit auf Fehler überprüft.					fachlich/inhaltlich, methodisch, personal (SeSteu, SeVe)
Ich konnte eigene Fehler selbst korrigieren.					fachlich/inhaltlich, personal (SeWa, SeBe)
Ich konnte mir meine Zeit gut einteilen.					methodisch, personal (SeWa, SeSteu)
Ich kann mein Arbeitsergebnis einschätzen.					fachlich/inhaltlich, personal (SeWa, SeVe, SeBe)

Legende: Selbstwahrnehmung (SeWa), Selbstbewusstsein (SeBe), Selbstverantwortung (SeVe), Selbststeuerung (SeSteu)

5.4.2 Kooperation

Da die Förderung der Sozialen Kompetenzen ein Basiselement des Kooperativen Lernens darstellt, sollte der Prozess der Kooperation auch im Fachunterricht in den Blick genommen werden. Die Verfügbarkeit der zentralen sozial-kommunikativen Kompetenzen Empathie, Kommunikationsfähigkeit, Team- und Kooperationsfähigkeit, Konfliktfähigkeit sowie Toleranz können mit dem „Reflexionsbogen für das Verhalten im Team" und dem „Bewertungsbogen für das Verhalten im Team" vom Einzelnen sowie von der ganzen Gruppe reflektiert werden. Die Schülerinnen und Schüler können dabei ihre sozial-kommunikativen und personalen Fähigkeiten durch Selbstbeurteilung und gemeinsame Reflexion in ihrer Gruppe außerordentlich verbessern. Jedes einzelne Gruppenmitglied beginnt die Arbeit mit dem „Reflexionsbogen für das Verhalten im Team". Danach arbeitet die Gruppe zusätzlich mit dem „Bewertungsbogen für das Verhalten im Team".

Die „Reflexions- und Bewertungsbögen für das Verhalten im Team" enthalten Kompetenzen, von denen einige erst nach längerer Zeit und nach intensivem Einüben von personalen und sozial-kommunikativen Kompetenzen (vgl. 2.4) von den Schülerinnen und Schülern erreicht und umgesetzt werden können. Diese Bögen sollten deshalb in fortgeschrittenen, geübten Gruppen eingesetzt werden. Abhängig von der Situation im Unterricht und den Fähigkeiten in den Klassen müssen die Bögen entsprechend modifiziert werden.

Die Auswertung der ausgefüllten Bewertungsbögen ermöglicht der Lehrperson wichtige Einblicke in die bereits vorhandenen und die noch zu fördernden Kompetenzen einzelner Schülerinnen und Schüler sowie der jeweiligen Gruppe. Dies setzt natürlich voraus, dass die Schülerinnen und Schüler diese Vorgehensweise kennen und den Reflexionsprozess mit der nötigen Ernsthaftigkeit betreiben.

Die Beobachtung und Bewertung des Kooperationsprozesses während der Gruppenarbeitsphasen stößt im unterrichtlichen Alltag schnell an Grenzen. In den „Bewertungsbogen für das Verhalten im Team" wurden deshalb nur Aspekte aufgenommen, die von der Lehrperson im Unterricht tatsächlich beobachtet werden können. Er kann auch von der Lehrperson als Beobachtungsbogen für den Kooperationsprozess in den einzelnen Gruppen verwendet werden.

Bewertungsbogen für das Verhalten im Team (Lehrer)

Name des Teams *Grün*

Die Gruppenmitglieder...	**alle im Team**	**einzelne Schüler**	**niemand im Team**	**Bemerkungen**
... gehen respektvoll miteinander um.	X			
... sprechen klar und deutlich miteinander.		X		*Betül spricht immer sehr leise.*
... steuern eigene Ideen bei, bringen sich in den Arbeitsprozess ein.	X			
... sind an Entscheidungen beteiligt.		X		*Kai sollte sich etwas mehr zurück nehmen!*
... helfen und unterstützen einander.	X			
... weisen sich auf Fehler hin, ohne die anderen zu kränken.		X		*Lisa*
... loben einander, wenn jemand gute Ideen hat.		X		*Wieder Lisa!*
... ermuntern einander, Ideen einzubringen, wenn jemand sehr still ist.			X	*Idee: Evtl. Ermutiger als Rolle vergeben!*
... schlichten Streitigkeiten, wenn sie auftreten.	X			
... akzeptieren es, wenn jemand anderer Meinung ist.		X		*Kai regt sich schnell auf.*
Wenn sie einander zuhören ...				
... halten sie Blickkontakt.	X			
... sitzen sie einander zugewandt.	X			
... zeigen durch Nicken, Lächeln o. ä., dass sie sich zuhören.	X			
... fragen nach, wenn etwas nicht verstanden worden ist.		X		*Lisa Alexej*

5.4.3 Partnerarbeit

Partnerarbeit ist ein wichtiger Schritt auf dem Weg zu gelungener Kooperation. Jüngeren Schülerinnen und Schülern gelingt es oft leichter und schneller in Partnerarbeit bestimmte Kompetenzen zu erwerben. Diese liegen meistens im Bereich der sozial-kommunikativen Kompetenzen, doch auch die personalen und methodischen Kompetenzen lassen sich so durchaus steigern. Im Bereich der Sozialkompetenzen geht es unter anderem darum den anderen ausreden zu lassen, seine Wahrnehmungen mit aufzunehmen, gemeinsame Ziele und Wege zu finden, Probleme zu verhandeln und gemeinsam Lösungen zu suchen.

Durch den Gedankenaustausch der Partner und gegenseitige Hilfestellung bei der Lösungsfindung kann Leistung verbessert und Motivation gefördert werden. Jeder Partner kann zugleich Schüler und Lehrer sein - diese wechselseitige Erfahrung macht den positiven Wert einer gelungenen Partnerarbeit aus. Schülerinnen und Schüler erfahren dabei auch Andersartigkeit und beginnen sie zu akzeptieren. Partnerarbeit bietet darüber hinaus den Vorteil, das natürliche Kommunikationsbedürfnis der Schülerinnen und Schüler positiv für den Unterricht zu nutzen. Besonders wichtig ist, dass sich in einer Partnerarbeit alle Lernenden einbringen können und müssen. Hierbei beteiligen sich auch jene Schülerinnen und Schüler, die ansonsten aus Schüchternheit nicht aktiv am Unterrichtsgespräch teilnehmen.

In der Partnerarbeit ist es enorm wichtig, die Reflexion beider Partner über die gemeinsame Arbeit nicht zu vernachlässigen. Der „Reflexionsbogen für die Partnerarbeit“ richtet die Aufmerksamkeit der Schülerinnen und Schülern deshalb auf das Beziehungsklima und den Arbeitsprozess. Dieser Bogen ist für die Anfangsphase von Partnerarbeit geeignet. Auch hier gewinnt die Lehrperson genauere Einblicke in die Qualität der Partnerarbeit, indem sie die Reflexionsbögen einsammelt und auswertet.

5.4.4 Gruppenarbeit

In der Gruppenarbeit ist es ebenfalls äußerst wichtig, die Gruppenmitglieder regelmäßig über die gemeinsame Arbeit reflektieren zu lassen. Hier sollen sozial-kommunikative, methodische sowie personale aber auch fachliche Kompetenzen in den Blick genommen werden. Die folgenden Bögen dienen der Selbst- und Fremdbeurteilung sowie der gemeinsamen Reflexion der Gruppenarbeitsphase.

Abhängig vom Alter und vom Entwicklungsstand der Schülerinnen und Schüler kann die Reflexion auf unterschiedlichen Niveaustufen stattfinden. Dazu gibt es verschiedene „Reflexionsbögen für die Gruppenarbeit“, die je nach Bedarf eingesetzt werden können.

Der „Reflexionsbogen 1 für die Gruppenarbeit“ kann vor allem in der Anfangsphase des Kooperativen Lernens die Reflexion des Gruppenarbeitsprozesses anleiten, dazu ist der Bogen bewusst einfach strukturiert. Zwei Varianten werden hier vorgestellt: die ausführliche schriftliche Reflexion und die Kombination von Skalierung und schriftlicher Form. Für die schriftliche Reflexion benötigen speziell jüngere Schülerinnen und Schüler viel Zeit, dagegen fällt ihnen die Entscheidung von „sehr gut“ bis „ganz schlecht“ leichter. Welcher der beiden Bögen zum Einsatz kommt, ist abhängig von Lerngruppe, Situation und zur Verfügung stehender Zeit. Allen gemeinsam ist die Vorgehensweise: Zuerst reflektiert jeder Schüler selbst, danach folgt die Gruppenreflexion.

Mit Hilfe des „Reflexionsbogens 2 für die Gruppenarbeit“ wird zuerst das Lernklima und die Arbeitsatmosphäre in der Gruppe vom einzelnen Schüler beurteilt, danach tauschen sich die Gruppenmitglieder über die entsprechenden Fragen und die jeweiligen individuellen Antworten aus. Danach sollen Ziele für die nähere Zukunft benannt werden.

Mit dem „Reflexionsbogen 3 für die Gruppenarbeit“ kann eine langfristige, prozessorientierte Gruppenarbeit mit mehreren Phasen auf einem höheren Niveau ausgewertet werden. Dabei tauschen sich die Mitglieder der Gruppe über den Verlauf der Vorbereitungs- und Arbeitsphase sowie gegebenenfalls über die Präsentation aus und überlegen gemeinsam, wie sich ihr Arbeitsprozess und ihr Arbeitsergebnis noch verbessern lassen.

Für die Lehrperson gibt es einen „Beobachtungsbogen für Gruppenarbeitsphasen“, mit dem die einzelnen Schülerinnen und Schüler beobachtet und ihr Verhalten während der Gruppenarbeitsphase festgehalten werden. Dieser Bogen ist flexibel einsetzbar.

Beobachtungsbogen für Gruppenarbeitsphasen

Kriterien Kursliste/ Gruppenliste	Quantität der Beiträge	Interaktion/ Interaktions-bereitschaft	Aufmerksamkeit ist	Fertigt Mitschrift an	Greift auf Material zurück
Kai	sehr hoch	sehr hoch	sehr hoch	nein	nein
Lisa	mittel	mittel	sehr hoch	schreibt die Folie	selten
Betül	gering	gering	oft abgelenkt	kritzelt herum	nein
Alexej	mittel	mittel	mittel	ja	ja

Eine langfristig angelegte Gruppenarbeit ist ein sehr komplexer Prozess. Der „Beobachtungsbogen für eine länger andauernde Gruppenarbeit" enthält für die Lehrperson verschiedene Elemente aus unterschiedlichen Phasen (Vorbereitungs- und Planungsphase, Arbeitsphase, Präsentation), die gegebenenfalls in Bezug auf die eigenen unterrichtlichen Bedürfnisse reduziert werden müssen.

5.4.5 Produkte/Ergebnisse

Entstehen im Partner- oder Gruppenarbeitsprozess Produkte wie Plakate oder PowerPoint-Präsentationen, ist es ebenfalls sehr effektiv, diese mit Bewertungsrastern zu analysieren. Die Raster können zur Selbst- und zur Fremdbeurteilung verwendet werden. Solche Bewertungsraster sind für Schülerinnen und Schüler äußerst hilfreich, da alle erwarteten Teilleistungen differenziert schriftlich vorliegen. Die Schüler können so ihre eigenen Leistungen gezielt bewerten und reflektieren und auf den Erkenntnissen aufbauend ihre Leistung deutlich steigern. Je früher im Arbeitsprozess den Schülerinnen und Schülern diese Raster vorliegen, desto eher können sie sich an ihnen orientieren und davon profitieren, umso besser sind auch die zu erwartenden Ergebnisse.

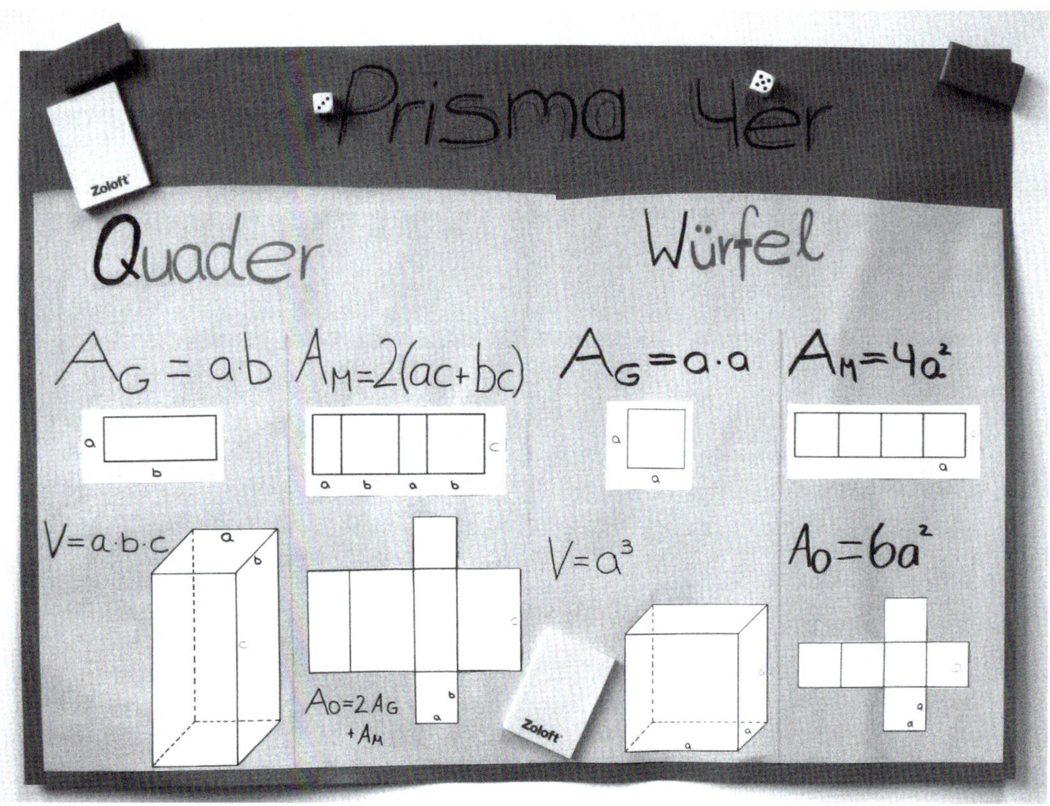

Die Schülerinnen und Schüler können durch das „Bewertungsraster Plakate“ durch die Indikatoren zu Beginn einer Arbeit mit Plakaten sinnvolle Anhaltspunkte dafür bekommen, wie ein „gutes“ Plakat aussieht und was man bei seiner Erstellung beachten muss. Die Bewertungsbögen für die direkte Anwendung im Unterricht sind stichpunktartig angelegt, um übersichtlicher und besser verwendbar zu sein. Alternativ dazu ist auch ein ausführlicherer Bogen einsetzbar.

Im Anhang befinden sich ebenfalls zwei „Bewertungsraster PPP“ für die Bewertung von Power-Point-Präsentationen. Das „Bewertungsraster für Arbeitsergebnisse“ ist allgemeiner gehalten und kann für unterschiedliche Produkte Verwendung finden.

5.4.6 Präsentation

Die Fähigkeit zur Präsentation zu erwerben ist ein langfristiger Prozess, der im Unterricht sorgfältig angeleitet werden muss. Um Anregungen dafür zu bekommen, sollte die entsprechende, vielfältige Literatur[39] zu Rate gezogen werden. Beim Kooperativen Lernen liegt ein besonderer Fokus auf der Erzeugung einer sicheren Umgebung für die Präsentierenden. Dies kann beispielsweise durch die Präsentation im Tandem erreicht werden.

Die Präsentation von Ergebnissen ist als wesentliches Merkmal des Kooperativen Lernens zu betrachten. Auch hier wird die Beurteilung und Bewertung durch das „Bewertungsraster Präsentation“ wesentlich erleichtert. Der Bewertungsbogen für die direkte Anwendung im Unterricht ist stichpunktartig angelegt.

Die Bewertung von Präsentationen stellt hohe Anforderungen an die Schülerinnen und Schüler. Dies liegt schon darin begründet, dass der Vorgang einer Präsentation nicht exakt wiederholt werden kann. Es müssen viele Elemente visuell und auditiv gleichzeitig erfasst und bewertet werden. Dies kann ungeübte Schülerinnen und Schüler überfordern. Deshalb empfiehlt es sich in der Anfangsphase die Beobachtungsaufgaben auf verschiedene Schülerinnen und Schüler aufzuteilen.

Ein Leerbogen dient zur schnelleren Auswertung der Schülerbeurteilungen. Die Schülerinnen und Schüler können bereits während des Unterrichts in diesen Bogen ihre jeweiligen Beurteilungen einer Präsentation eintragen. So bekommt der Lehrer die Rückmeldung der Schüler zur jeweiligen Präsentation auf einen Blick.

	Kompetenzstufen **Kriterien**	**Kompetenzstufe 1**	**Kompetenzstufe 2**	**Kompetenzstufe 3**	**Kompetenzstufe 4**
Auftreten	**freies Sprechen**	////	///	////////	
	Gestik und Mimik	//	//////// //	///	
	Körperhaltung		//////// ///////		
Sprache	**Sprechtempo**			///////	////////
	Sprechweise		///////	/////	///
	....	....	....	....	....
Anzahl der gegebenen Kreuze pro Spalte		6	35	23	11

[39] z. B. Budniak, Johann; Oberreuter, Susanne: Schülerinnen lernen präsentieren. Klasse 5-11. Lichtenau 2005.

Der Tetraeder von Bottrop

Mykerinos"
Große Etagen
- abgemessen!
Gesamtnutzungs-
fläche
83718,75m²
Pyramidenstumpf
Volumen „Lampe":
= 6,19m³
Volumen Nutzungsfläche
= 234346m³ − 619m³
= 233727 m³

Die Louvre-
Pyramide
Formeln:
Rechnungen

5.5. Unterrichtliche Umsetzung einer neuen Leistungsbewertung

Formative Leistungsbewertung

Die summative Bewertung von Schülerinnen und Schülern evaluiert das Lernergebnis. Was hat der Lernende behalten und in der Prüfung zeigen können? Die formative Bewertung evaluiert den Lernprozess: Was beherrscht der Schüler schon und wo sind noch Schwierigkeiten vorhanden? Das Ziel formativer Bewertung ist die Entwicklung und Verbesserung von Lernprozessen. Damit formative Bewertung zum Erfolg führt, sollten die Bewertungskriterien für alle transparent sein. Die Schülerinnen und Schüler sollten es gewohnt sein, Verantwortung für ihren Lernprozess zu übernehmen (vgl. 2.1), und in der Lerngruppe sollte eine Feedback- und Reflexionskultur bestehen (vgl. 2.5 und 5.4). Folglich ist formative Bewertung im Zusammenhang mit Kooperativem Lernen leicht umzusetzen und die oben vorgestellten Raster stellen geeignete Hilfsmittel für diese Bewertungsprozesse dar.

Für eine formative Bewertung kann eine Vielfalt von Techniken genutzt werden, die folgende Bereiche umfassen:

- systematische Informationen über die Lernfortschritte der Schülerinnen und Schüler sammeln und interpretieren (vgl. 5.4),
- genaue Rückmeldungen an die Schülerinnen und Schüler geben,
- Fördermaßnahmen planen und durchführen und somit Lernleistung sowie Motivation steigern.

All diese Maßnahmen müssen mit einer Veränderung der Aufgabenkultur einhergehen. Die folgenden Ideen dazu lassen sich im Mathematikunterricht problemlos umsetzen:

- Selbst- und Fremdbewertung der Schülerinnen und Schüler in verschiedenen Situationen anleiten und ermöglichen, mit eigener Lehrerbewertung vergleichen und gegebenenfalls Rückmeldung geben.
- Klassenarbeiten/Tests am nächsten Tag wieder austeilen und Fehler mit einer anderen Farbe korrigieren lassen. Dies erfordert aber eine Änderung der Aufgabentypen für solche Arbeiten, denn geschlossene Aufgaben eignen sich hier nicht.
- Aufgaben für die nächste Klassenarbeit/ den nächsten Test von den Schülerinnen und Schülern in Einzelarbeit oder in Gruppenarbeit selbst entwickeln lassen und aus diesem Pool Aufgaben für die Überprüfung auswählen. Die Lehrperson kann gegebenenfalls Aufgaben ergänzen.
- Eine Kultur des Umgangs mit Fehlern im Unterricht aufbauen und entwickeln. Der positive Umgang mit Fehlern sollte selbstverständlich werden. Schülerinnen und Schüler benötigen die Sicherheit, dass Fehler die Möglichkeit bieten, etwas zu lernen, und nicht sofort zu einer schlechten Benotung führen.
- Reflexives Schreiben konsequent in den Unterricht einbauen. Eine Weiterentwicklung der „Reflexiven Schreibens“ ermöglicht auch im Mathematikunterricht viele positive Erfahrungen. Die Arbeit mit Lernberichten (Klasse 5/6), mit Lerntagebüchern (Klasse 7), mit Arbeitsjournalen (Klasse 8) und mit Portfolios (Klasse 9) bringt ausgezeichnete Ergebnisse und steigert Lernleistung und Motivation der Schülerinnen und Schüler erheblich.[40]

40-Punkte-Regelung

Es ist wünschenswert, dass alle Mitglieder einer Gruppe gleichermaßen an einer Gruppenarbeit beteiligt sind. Dies kann durch die konsequente Umsetzung der Basiselemente erreicht werden. Dennoch ergibt sich in der Realität manchmal eine Arbeitsteilung, zum Beispiel bei der Gestaltung von Plakaten: Hier entscheidet manchmal das Zeichentalent oder die schönste Handschrift darüber, wer die Plakatgestaltung ausführt.

[40] vgl.: www.klett.de/sixcms/list.php?page=lehrwerk_extra&titelfamilie=Das Mathematikbuch&extra=Das Mathematikbuch-Online&inhalt=kss_klett0 (Am besten gibt man „Das Mathematikbuch-Online, Reflexives Schreiben“ in eine Online-Suchmaschine ein!)

Die 40-Punkte-Regelung ist ein Instrument, das die Schülerinnen und Schüler in die Leistungsbewertung eines Gruppenergebnisses einbezieht. So lernen die Schülerinnen und Schüler, die individuelle Leistung jedes einzelnen Teammitglieds in den Blick zu nehmen. Dazu beurteilt jeder zuerst selbst seinen Anteil an der Gruppenleistung. Danach einigt sich die Gruppe, wie der Arbeitsanteil der einzelnen Gruppenmitglieder zu beurteilen ist und legt sich auf eine Aufteilung der zur Verfügung stehenden vierzig Punkte fest. Die Aufteilung wird mit Begründung in eine Gruppenübersicht eingetragen.

Gruppenübersicht 40-Punkte-Regelung

Gruppe			**Begründung**
	Name	**Punktzahl**	
rot	**Arina**	**10**	*Wir haben uns alle gleich beteiligt.*
	Nathalie	**10**	
	Fabian	**10**	
	Malte	**10**	
orange	**Muhammed**	**9**	*Simon und Marius haben die Rechnungen gemacht. Veronika und Muhammed haben das Plakat geschrieben.*
	Simon	**11**	
	Veronika	**9**	
	Marius	**11**	
gelb	**Viktoria**	**12**	*Ove hat zwischendurch nicht mitgemacht.*
	Denise	**12**	
	Ove	**4**	
	Orhan	**12**	
grün	**Kai**	**15**	*Kai hat das Plakat vorbereitet, die Werte berechnet und gezeichnet. Betül hat sich sehr zurückgehalten.*
	Lisa	**9**	
	Betül	**7**	
	Alexej	**9**	
...	...	...	

Dieses Vorgehen hilft der Lehrperson, ihre eigenen Beobachtungen mit der Wahrnehmung der Schülerinnen und Schüler abzugleichen, entbindet sie aber nicht von der Verantwortung der Notengebung. Die Punkteverteilung der Gruppe kann dabei folgendermaßen berücksichtigt werden:

- Bekommt jedes Gruppenmitglied zehn Punkte, erhält jeder die Gruppennote.
- Liegt in einer Gruppe ein Schüler deutlich über zehn Punkten, sollte entsprechend eine bessere Note an diesen Schüler vergeben werden. Ist die Gruppennote beispielsweise ein „gut“ könnte dieser Schüler mit „gut plus“ oder besser bewertet werden.
- Liegt in einer Gruppe ein Schüler deutlich unter zehn Punkten, sollte eine etwas schlechtere Note vergeben werden. Das kann z. B. im obigen Fall „gut minus“ oder auch „befriedigend“ sein.
- Es ist auch möglich einen Joker einzuführen. Eine besonders zu würdigende Leistung eines Gruppenmitgliedes wird mit fünf Jokerpunkten belegt, ohne dass die anderen Mitglieder dadurch gleichzeitig eine Punktabwertung erfahren.

Sollte eine Gruppe mehr oder weniger als vier Mitglieder haben, muss die Regelung für diese Gruppe entsprechend abgeändert werden. Man kann beispielsweise dabei bleiben, jedem Schüler zehn Rohpunkte zuzuweisen.

COPY

40-Punkte-Regelung

Gruppenpunkte aufteilen – Schüler bewerten ihre Leistung gegenseitig

1. Gruppenleistung wird benotet

Der Lehrer bewertet die erbrachten Gruppenleistungen. Es ist natürlich auch denkbar, dass die Schüler an der Notenfindung beteiligt werden.

2. Punkte an jede Gruppe verteilen

Jede Gruppe erhält 10 Rohpunkte für jedes Gruppenmitglied. Die Gesamtpunktzahl der Gruppe soll nun je nach Arbeitsanteil an der erbrachten Leistung auf die Gruppenmitglieder verteilt werden. Hierbei sollten natürlich auch sozial-kommunikative und methodische Leistungen berücksichtigt werden.

3. Einzelarbeit

Jedes Gruppenmitglied denkt am Anfang darüber nach, welcher persönliche Anteil am Gruppenergebnis erbracht wurde. Dazu sollten konkrete Punkte notiert werden, zum Beispiel: Materialien besorgt, Grafik gestaltet, anderen beim Verstehen der Lösung geholfen, einen Streit geschlichtet, ... Jedes Gruppenmitglied überlegt sich dann, welche Leistungen die anderen Gruppenmitglieder erbracht haben und wie eine entsprechende Punkteaufteilung aussehen könnte.

4. Austausch

Alle Gruppenmitglieder stellen ihre Punkteaufteilung und die Begründung dafür den anderen vor. Anschließend einigt sich die Gruppe auf eine Punkte-Verteilung und formuliert eine kurze Begründung.

5. Vorstellen

Im Plenum werden die Ergebnisse der einzelnen Gruppen kurz vorgestellt oder sie werden in schriftlicher Form für alle sichtbar veröffentlicht (vgl. Gruppenübersicht).

6. Noten

Der Lehrer vergibt jetzt die jeweiligen Noten für die einzelnen Gruppenmitglieder.

COPY

Gruppenübersicht 40 Punkte Regelung

Gruppe	Punkteaufteilung		Begründung
	Name	Punktzahl	

Schülereintrag Lerntagebuch Thema Parallelogramm

Lösung:
Um aus einem Parallelogramm ein Rechteck zu formen, von dem wir ja den Flächeninhalt bestimmen können, muss man nur einen Teil des Parallelogramms „verschieben".

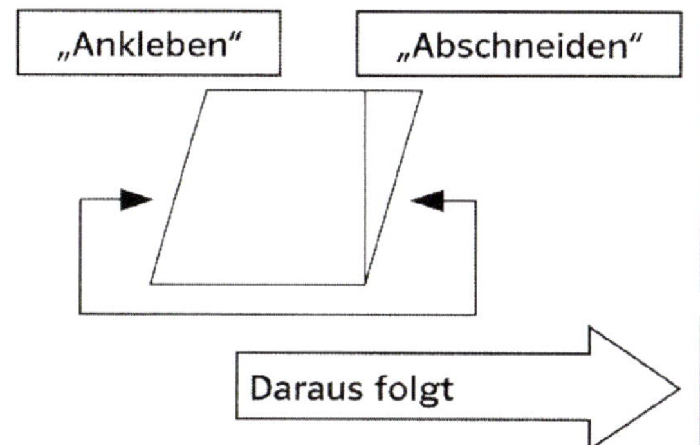

Ergebnis ist ein Rechteck, dessen Flächeninhalt wir ja schon berechnen können. (Breite mal Länge)

Bei einem Parallelogramm muss man Höhe mal Breite rechnen, um den Flächeninhalt zu erhalten.

Reflexion:
Ich habe herausgearbeitet wie man den Flächeninhalt eines Parallelogramms berechnet.

Merksatz: Auch bei einem Parallelogramm muss man Länge und Höhe multiplizieren.

Schülereintrag Lerntagebuch Thema Pythagoras

Nach dem Vergleichen haben wir 3 Aufgaben bekommen, wo wir die Seiten mit dem „Satz des Pythagoras" berechnen sollten. Als erstes nachdem ich mir die Aufgabe ansah, erschien sie mir etwas kompliziert doch als ich mich mit dem Problem versuchte auseinander zu setzten, traf mich der blitz und ich wusste sofort wie ich vorzugehen hatte. Ich habe mich als erstes gefragt was überhaupt gesucht wird. Dann habe ich mich weiter vertieft und gesehen dass der Satz des Pythagoras dahinter versteckt war.
Wie logisch es auch einem vorkommt, dass am ende der Satz des Pythagoras versteckt ist, kam mir die Frage als sehr logisch vor. Die Frage löste sich in Sekunden schnelle wieder auf. Ich habe die ganzen Impulse im meinem Kopf mitbekommen. Als würde mir wirklich eine Glühbirne aufgehen.
Ich in dem Moment:

Schülereintrag Lerntagebuch Thema Winkel

Bei meinen ersten Messungen hatte ich vergessen, wie man Winkel messen muss. Mir fiel dann ein, dass ich diese Probleme schon in der vorherigen Stunde hatte und ich schaute in meinem Lerntagebuch nach.

Dort habe ich dann die Lösung gefunden:

Es kommt immer darauf an, wo der Anfangspunkt liegt und ob es ein spitzer oder ein stumpfer Winkel ist.

Ich finde es gut, dass ich jetzt schon etwas aus meinem eigenen Lerntagebuch gelernt habe. Ich konnte mir also selbst helfen.

Schülereintrag Arbeitsjournal Thema Näherung von π

Durchführung des Experiments und Datenaufnahme

Ich begann mit den Würfen.

Nach jedem Wurf wurde die Anzahl der Treffer gezählt und auf dem Datenblatt eingetragen.

Nach dem Auszählen hob ich das ganze Blatt mit den Nadeln hoch und ließ diese in den Auffangkorb rutschen. (Viel schneller als einzeln aufheben)

So benötigte ich pro Wurf etwa zwei bis drei Minuten.

Um eine möglichst hohe Annäherung an die Zahl Pi zu erreichen warf ich hundert mal.

Da pro Wurf zehn Nadeln geworfen wurden kam ich auf eine Gesamtanzahl von eintausend geworfenen Nadeln.

Für die Auswertung der Daten wurden folgende Formeln verwendet:

c = Länge der Nadel (3 cm)

a = Abstand der Parallelen (3 cm)

$P = \frac{\text{Treffer}}{\text{Würfe}}$ $\quad P = \frac{622}{1000}$ $\quad P = 0{,}622$

Schülereintrag Arbeitsjournal Thema Näherung von π

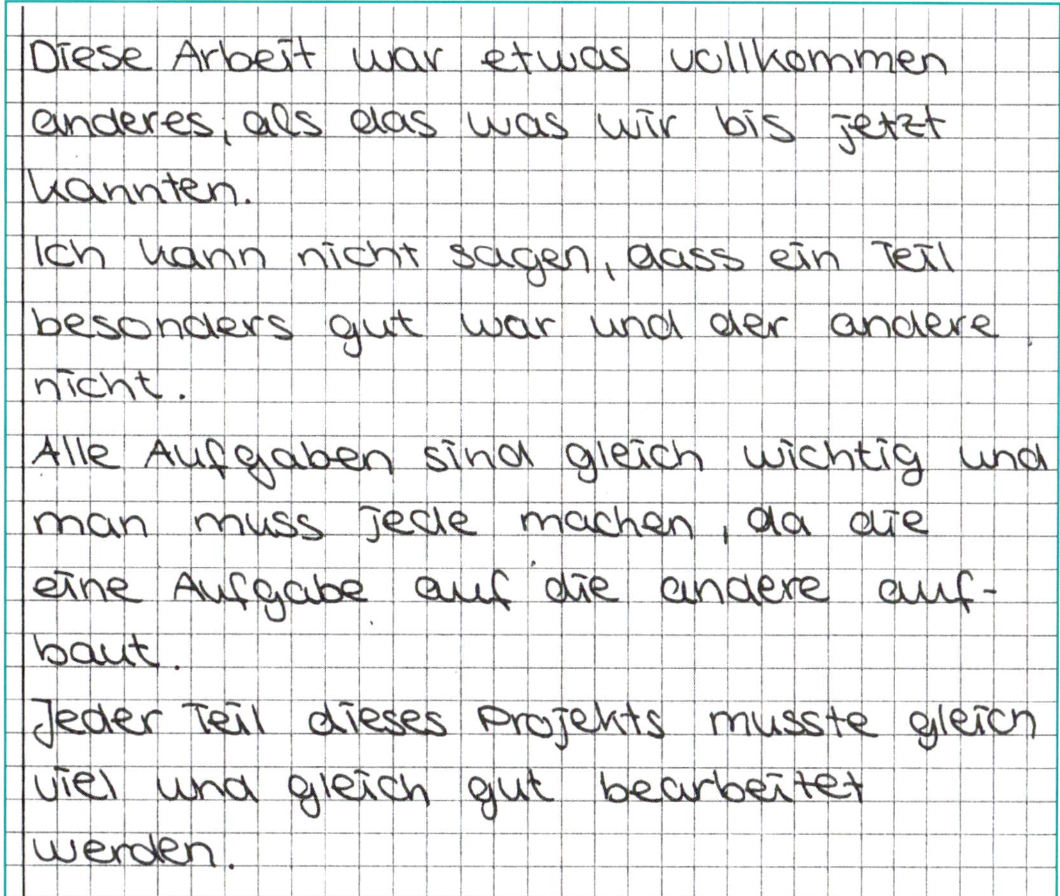

Diese Arbeit war etwas vollkommen anderes, als das was wir bis jetzt kannten.
Ich kann nicht sagen, dass ein Teil besonders gut war und der andere nicht.
Alle Aufgaben sind gleich wichtig und man muss jede machen, da die eine Aufgabe auf die andere aufbaut.
Jeder Teil dieses Projekts musste gleich viel und gleich gut bearbeitet werden.

Schülereintrag Portfolio Thema Pyramiden

Planung der Präsentation

Ich habe mich entschieden für die Präsentation neben meinem selbst gebastelten Modell eines Pyramidenhotels auch noch ein Plakat und ein kleineres Modell zur Veranschaulichung der Details zu erstellen…

Mein zweites, allerdings kleineres Modell baute ich nach dem „Wendeltreppenprinzip“ aus einem Holz-Set, welches aus Kugeln und einem Stab besteht. Dazu zeichnete ich die Draufsicht jeder einzelnen Etage und deren Inneneinrichtung maßstabsgetreu auf etwas dickere Pappe. Anschließend schnitt ich die „Pappquadrate“ aus und steckte sie der Größe und Reihenfolge nach geordnet auf den Holzstab, trennte sie um einen gewissen Abstand einzuhalten mit einer der kleinen Holzkugeln.

Zu guter Letzt steckte ich das Modell zur Veranschaulichung der Inneneinrichtung in einen Styropor-Sockel und richtete die Etagen in verschiedene Richtungen wie eine Spirale aus, um den zukünftigen Zuhörern bzw. Interessenten einen besseren Einblick eine meine gut durchdachte Inneneinrichtung zu ermöglichen.

Schülereintrag Portfolio Thema Pyramiden

Auch wenn ich am Anfang eher gegen ein Portfolio war, hat es mir doch sehr viel Spaß gemacht. Zu meinem Thema war es am Anfang relativ schwer erst einmal passende Materialien zu finden, die ich verstehe und mit denen ich auch gut arbeiten konnte. Zum mathematischen Aspekt habe ich ebenfalls erst nicht viel gefunden. Nach ein paar Wochen Suchen und Recherchieren hatte ich aber genug Materialien zusammen, die ich gut verwenden konnte. Als ich erst einmal richtig angefangen habe, hat es mir auch eigentlich richtig Spaß gemacht. Schließlich wusste ich bis dahin so gut wie gar nichts über das Thema ...Ich hoffe, dass ich über das Thema noch eine Menge erfahren werde, denn ich denke, dass es dort noch ganz viel zu Wissen gibt.

Schülereintrag Portfolio Thema Pyramiden

Berechnungen der fehlenden Seiten der

Louvre-Glaspyramide:

Gegeben: Höhe: 21,65 cm; Kantenlänge: 35 cm

Gesucht: $h\Delta$: ? ; s: ? ; d: ?

Anhand der folgenden Skizzen, möchte ich erklären, wie ich die fehlenden Seiten der Louvre-Glaspyramide berechnet habe. Dazu habe ich den Satz des Pythagoras verwendet.

Mit der folgenden Rechnung habe ich die Dreieckshöhe ausgerechnet:

$h^2 + (a)^2 = h\Delta^2$

=> $(21{,}65\ cm)^2 + (35\ cm)^2 = h\Delta$

☐ $468{,}7225\ cm^2 + 306{,}25\ cm^2 = h\Delta^2$

☐ $774{,}9725\ cm^2 = h\Delta^2 \mid \sqrt{}$

☐ $27{,}8383279\ cm = h\Delta$

☐ $27{,}85\ cm \approx h\Delta$

Schülereintrag Portfolio Thema Pyramiden

2. Portfoliogespräch

In dieser Stunde haben wir uns in Dreier-Gruppen gesetzt, wir sollten über unsere Arbeitspläne diskutieren. Diese waren nämlich auch eine schöne neue Errungenschaft. Man musste einen Zeitplan erstellen, in dem man dann schreibt, was man an welchem Termin machen wollte oder musste.

3. Portfoliogespräch

Heute hat Frau Behnke uns erstmals Feedbackzettel gegeben, mit denen wir dann die Portfolios unserer Mitschüler unterstützen sollten, in dem wir ihnen Tipps und Anregungen gaben. In dieser Stunde habe ich einen Großteil meiner Portfoliogespräche gemacht.

4. Portfoliogespräch

Dieses Portfoliogespräch war ganz besonders, denn es war ein klassenübergreifendes Portfoliogespräch. Ich fand es sehr gelungen, weil unsere Mitschüler aus der Parallelklasse unsere Portfolios unparteiischer bewerteten.

Insgesamt waren die Portfoliogespräche wiederholenswert, denn sie gaben mir mehr Sicherheit, wie ich mein Portfolio gestalten sollte.

Beispiel einer Plakatbewertung

Die Einordnung in Kompetenz- bzw. Niveaustufen kann schließlich in eine Bewertung umgesetzt werden. Mit Hilfe des Bewertungsrasters für Plakate (vgl. 5.4) wird die Leistung ermittelt, wobei die einzelnen Kriterien in Kompetenzstufen verortet werden. Jeder Kompetenzstufe wird die entsprechende Punktzahl zugeordnet, Kompetenzstufe 1 entspricht der Punktzahl 1 und so weiter. Ist die Leistung zwischen zwei Kompetenzstufen angesiedelt, ergibt sich eine Dezimalzahl wie zum Beispiel 1,5. Wird in einem Bereich keine Kompetenzstufe erreicht, ist der Wert 0 einzusetzen.

Da eine geringere Kompetenzstufe einen niedrigeren Wert hat als eine höhere Kompetenzstufe, kann die Übertragung ins Notensystem sofort erfolgen. Die maximale Punktzahl lässt sich schnell ermitteln, so dass die jeweilige Schülerleistung in Punkten und als Prozentsatz ausgerechnet werden können. Abhängig von der eigenen Notenstruktur kann daraus eine Note festgesetzt werden.

Wenn bestimmte Kriterien besonders hervorgehoben werden sollen, kann die Punkteverteilung durch unterschiedliche Gewichtung der Kriterien entsprechend modifiziert werden. Wurde im Unterricht beispielsweise gerade die Gestaltung eines Plakates besprochen und soll die angemessene Umsetzung besonders in die Note einfließen, kann dieser Bereich der Gestaltung doppelt gezählt werden. Geht es hauptsächlich um die fachliche und inhaltliche Richtigkeit muss dieser Bereich mit einem entsprechenden Gewichtungsfaktor multipliziert werden.

Eine solche Umsetzung lässt sich am Beispiel einer konkreten Plakatbewertung aus dem Unterricht einer Klasse 9 beim Thema Körpergeometrie aufzeigen. Die verschiedenen bekannten Körper wurden auf die Gruppen verteilt. Die Aufgabe bestand darin, die Volumen- und die Oberflächenformel sowie Schrägbild und Netz der Körper auf einem Plakat gestalterisch umzusetzen. Der nützliche Nebeneffekt, die Wiederholung von geometrischen Kenntnissen, ist dabei natürlich beabsichtigt.

Die Gestaltung wurde in der Bewertung doppelt gewichtet, da im Unterricht gerade die Kriterien für eine gute Plakatgestaltung eine zentrale Rolle gespielt hatten. Die Bereiche Farbe, Sprache und Stufe der mathematischen Umsetzung wurden bei der Bewertung nicht berücksichtigt.

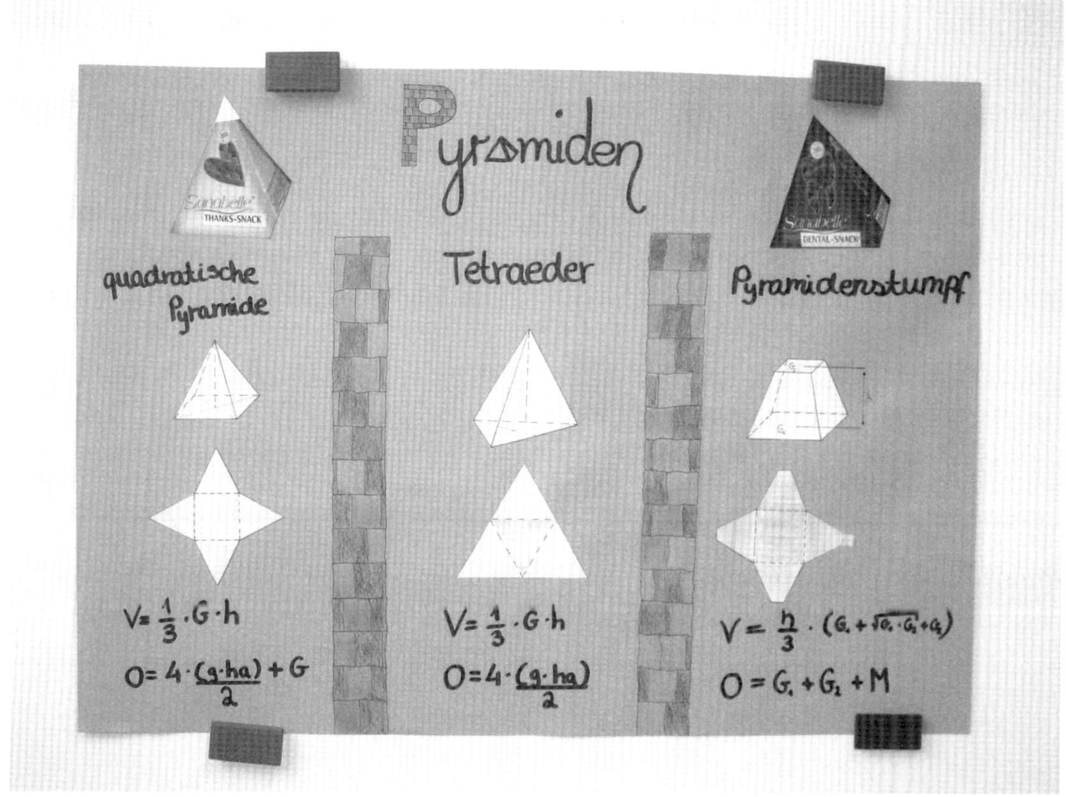

Bewertungsraster Plakate

Erstellt von: Grün

	Kompetenzstufe 1	Kompetenzstufe 2	Kompetenzstufe 3	Kompetenzstufe 4	Wert
Überschrift	Vorhanden	Vorhanden und sauber gestaltet.	Sauber sowie themenbezogen gestaltet.	Mit besonderer Sorgfalt themenbezogen und kreativ gestaltet.	4
Äußere Form	Ausführung ist akzeptabel.	Ausführung ist überwiegend sauber und ordentlich.	Ausführung ist sauber und ordentlich.	Ausführung erfolgte mit besonderer Sorgfalt.	4
Layout/Gestaltung					
-Schrift	Zum Teil nicht lesbar.	Zum größeren Teil lesbar.	Vollständig und deutlich lesbar.	Vollständig und deutlich lesbar mit passender Schriftwahl.	3,5x2
-Text	Zu viel Text bzw. zu lange Sätze.	Teilweise zu viel Text bzw. zu lange Sätze.	Kurze und prägnante Textbausteine.	Kurze, prägnante sowie themenbezogene Textbausteine.	4x2
-Bilder, Grafiken	Zu wenige grafische Elemente verwendet.	Ausreichend viele grafische Elemente verwendet.	Grafische Elemente gut eingesetzt.	Optimale Wirkung durch grafische Elemente erzielt.	4x2
					--
Aufbau	Wenig Struktur erkennbar.	Struktur teilweise erkennbar, Hervorhebungen zum Teil vorhanden.	Struktur gut erkennbar, Hervorhebungen vorhanden.	Deutlich erkennbare Struktur, klarer gedanklicher Aufbau.	3,5
Kenntnis der Materie bezüglich des Themas	Fachliche Zusammenhänge sind zum Teil erkennbar.	Wichtige fachliche Zusammenhänge sind erkennbar.	Fachliche Zusammenhänge sind erkennbar und begründet.	Fachliche Zusammenhänge sind klar erkennbar und fundiert begründet.	3,5
Mathematische Umsetzung des Themas	Mehrere Fehler vorhanden.	Thema zu einem größeren Teil fehlerfrei umgesetzt.	Thema überwiegend fehlerfrei umgesetzt.	Thema fehlerfrei umgesetzt.	4
Umfang/Inhalt	Ungeschicktes Verhältnis von Inhalt und Umfang.	Nicht immer angemessenes Verhältnis von Inhalt und Umfang.	Angemessenes Verhältnis von Inhalt und Umfang.	Über die Erwartungen hinausgehende Umsetzung von Inhalt und Umfang.	3

Erreichbare Punktzahl; 4 x 12 = 48

Erreichte Punktzahl: 45 **das entspricht** 93,75 %

Vorschläge für eine Bewertungskonzeption

Eine Bewertungskonzeption kann sich aus mehreren Elementen zusammensetzen. Dazu gehören unter anderem die Bewertung des Prozesses, der Produkte und der Präsentation (vgl. 5.4). Je nach Unterrichtssituation kann die Bewertungskonzeption eines oder mehrere dieser Elemente gleichzeitig berücksichtigen. Schülerinnen und Schüler haben dann die Möglichkeit, eine Vielzahl von Kompetenzen zu zeigen. Stärken und Schwächen können so besser ausgeglichen werden.

Die Bewertung von Produkten gestaltet sich am einfachsten, da die Produkte wie zum Beispiel Plakate in Ruhe angesehen und bewertet werden können. Dieses Element ist somit besonders geeignet, um gemeinsam mit den Schülerinnen und Schülern Bewertungen einzuüben und vorzunehmen.

Die Bewertung eines Prozesses ist nicht einfach. Schülerinnen und Schüler als Teilnehmer des Prozesses können diesen nachträglich reflektieren und auf dieser Grundlage bewerten. Eine systematische Beobachtung jedoch ist nur durch den Lehrer möglich und dies auch nur bedingt. Sie sollte langfristig mit Hilfe von Beobachtungsbögen erfolgen und verschiedene Phasen des Arbeitsprozesses wie Vorbereitung, Durchführung und Reflexion umfassen (vgl. 5.4).

Abhängig von den eigenen Zielen und Schwerpunktsetzungen im Unterricht können und müssen die Elemente einer Bewertungskonzeption verändert werden. Auch die Vergabe der Punkte hängt weitgehend davon ab. Es sollte natürlich auch berücksichtigt werden, ob einzelne Teile in Partner- bzw. Gruppenarbeit erstellt worden sind. Diese Teile können dann beispielsweise mit einer geringeren Punktzahl belegt werden. Ist die gesamte Leistung in Gruppenarbeit erstellt worden, kann als Bewertung auch eine Gruppennote gegeben werden.

Bewertungen	**Mögliche Punkte**	**Erreichte Punkte**	**Note**
Prozess (z. B. 30 %)			
Auswertung der Beobachtungsbögen	2	1	
Auswertung der Reflexionsbögen	2	1	
Schriftlicher Bericht über den Arbeitsprozess	2	0	
Produkt (z. B. 40 %)			
Fachliche/ inhaltliche Qualität	3	2	
Gestaltung	2	1	
Aufbau	1	1	
Sprache	2	1	
Präsentation (z. B. 30 %)			
Fachlich-inhaltliche Qualität	3	2	
Auftreten	1	1	
Sprache	1	1	
Struktur	1	0	
Gesamtergebnis	**20**	**11**	
Weitere Anmerkungen			

Reflexionsbogen für die Einzelarbeit

Wie beurteilst du deine Arbeit?

Kriterien	++	+	– –	–	Bemerkungen
Ich halte meine Materialien bereit.					
Ich habe selbstständig die Aufgabenstellung verstanden.					
Ich habe sofort angefangen zu arbeiten.					
Ich habe allein und ruhig gearbeitet.					
Ich habe mir bei der Bearbeitung Mühe gegeben.					
Ich habe konzentriert allein gearbeitet.					
Ich habe sorgfältig gearbeitet.					
Ich habe meine Arbeit auf Fehler überprüft.					
Ich konnte eigene Fehler selbst korrigieren.					
Ich konnte mir meine Zeit gut einteilen.					
Ich kann mein Arbeitsergebnis einschätzen.					

Meine Ziele für die nächste Zeit sind …

Reflexionsbogen für das Verhalten im Team

Name:____________________

1) Wie beurteilst du dein Verhalten in eurem Team in der letzten Zeit? Fülle den Bogen erst für nur für dich persönlich aus.
2) Setze dir persönliche Ziele, an denen du in nächster Zeit arbeiten willst. Trage deine Ziele unten auf diesem Bogen ein.
3) Verwendet jetzt zusätzlich den **Bewertungsbogen für das Verhalten im Team**. Vergleicht im Team eure Einschätzungen, und überprüft, ob ihr euch in eurer Gruppe einig seid.
4) Setzt euch nun in der Gruppe Ziele, an denen ihr in nächster Zeit gemeinsam arbeiten wollt. Haltet eure Ziele schriftlich fest und überprüft sie nach einiger Zeit!

	nie	manch-mal	meist	immer	Bemerkungen/ Auswertung im Team
Ich bin respektvoll den anderen gegenüber.					
Ich spreche klar und deutlich mit den anderen.					
Ich steuere eigene Ideen bei und bringe mich ein.					
Ich beteilige mich bei Entscheidungen.					
Ich helfe und unterstütze die anderen.					
Wenn jemand einen Fehler macht, weise ich darauf hin ohne ihn zu kränken.					
Ich lobe andere, wenn sie gute Ideen haben.					
Ich ermuntere andere, ihre Ideen einzubringen, wenn sie sehr still sind.					
Ich schlichte Streitigkeiten, wenn sie auftreten.					
Ich akzeptiere es, wenn jemand anderer Meinung ist als ich.					
Wenn ich den anderen in unserer Gruppe zuhöre…					
…halte ich Blickkontakt.					
…sitze ich ihnen zugewandt.					
…zeige ich, dass ich zuhöre, indem ich nicke, lächle o.ä.					
…frage ich nach, wenn ich etwas nicht verstehe.					

Meine Ziele für die nächste Zeit sind …

Unsere gemeinsamen Ziele für unsere Gruppe sind …

COPY **Bewertungsbogen für das Verhalten im Team** Name:____________________

	Alle im Team	Einzelne Schüler	Niemand im Team	Bemerkungen
Wir gehen respektvoll miteinander um.				
Wir sprechen klar und deutlich miteinander.				
Alle steuern eigene Ideen bei und bringen sich ein.				
Alle sind bei Entscheidungen beteiligt.				
Wir helfen und unterstützen einander.				
Wir weisen uns auf Fehler hin ohne einander zu kränken.				
Wir loben einander, wenn jemand gute Ideen hat.				
Wir ermuntern einander, Ideen einzubringen, wenn jemand sehr still ist.				
Wir schlichten Streitigkeiten, wenn sie auftreten.				
Wir akzeptieren es, wenn jemand anderer Meinung ist.				
Wenn wir einander zuhören …				
…halten wir Blickkontakt.				
…sitzen wir einander zugewandt.				
…zeigen wir durch Nicken o.ä., dass wir uns zuhören.				
…fragen wir nach, wenn etwas nicht verstanden wurde				

Fazit:

Unsere gemeinsamen Ziele für unsere Gruppe sind …

Unterschriften:

Reflexionsbogen Partnerarbeit

1) Wie beurteilst du die Arbeit mit deinem Partner?

Kriterien	++	+	– –	–	Vergleich mit dem Partner	Bemerkungen
Lernklima						
Ich arbeite gern mit meinem Partner zusammen						
Ich höre meinem Partner zu.						
Wir lassen uns gegenseitig ausreden.						
Wir klären Probleme miteinander.						
Wir helfen uns gegenseitig.						
Arbeitsphase						
Wir besprechen die Aufgaben gemeinsam.						
Wir entscheiden gemeinsam.						
Wir sind gleichrangig an der Arbeit beteiligt.						
Wir arbeiten erfolgreich zusammen.						
Präsentationsphase						
Ist die Präsentation unseres Ergebnisses gut gelungen?						
Hat mein Partner die präsentierte Aufgabe verstanden?						

2) Gemeinsame Auswertung eurer Reflexion

a) Vergleiche nun deinen Bogen mit dem deines Partners.
Stimmt ihr überein? Gibt es entscheidende Unterschiede?
Schreibe auf, was euch aufgefallen ist.

b) Was könnt ihr beim nächsten Mal besser machen?

Reflexionsbogen I für die Gruppenarbeit

Einzelreflexion:

Wie habe ich mich in der Gruppe gefühlt? Mit Begründung!

Bin ich mit der Arbeit und dem Ergebnis meiner Gruppe zufrieden? Mit Begründung!

Gibt es etwas, was ich noch besser machen könnte?

Meine Ziele für die weitere Zusammenarbeit:

Gruppenreflexion:

Haben wir die Aufgaben gemeinsam gelöst und gut zusammengearbeitet? Mit Begründung!

Sind wir mit dem Gruppenergebnis zufrieden? Mit Begründung!

Können wir in Zukunft noch etwas verbessern?

Unsere Ziele für die weitere Zusammenarbeit:

Unterschriften der Gruppenmitglieder:

Bewertungsbogen 1 für die Gruppenarbeit

Einzelreflexion:

Wie habe ich mich in der Gruppe gefühlt?					
Sehr wohl	++	+	-	--	Sehr unwohl
Bin ich mit dem Ergebnis meiner Gruppe zufrieden?					
Sehr zufrieden	++	+	-	--	Völlig unzufrieden
Habe ich heute etwas dazugelernt?					
Sehr viel	++	+	-	--	Überhaupt nichts
Gibt es etwas, was ich noch besser machen könnte?					

Gruppenreflexion:

Wie haben wir uns in der Gruppe gefühlt?					
Sehr wohl	++	+	-	--	Sehr unwohl
Wie hat unsere Zusammenarbeit geklappt?					
Sehr gut	++	+	-	--	Gar nicht
Sind wir mit dem Gruppenergebnis zufrieden?					
Sehr zufrieden	++	+	-	--	Völlig unzufrieden
Können wir in Zukunft noch etwas verbessern?					
Unsere Ziele für die weitere Zusammenarbeit:					

Reflexionsbogen 2 für die Gruppenarbeit

Name:____________________

Wie beurteilst du im Moment eure Arbeit in der Gruppe?

Lernklima	++	+	– –	–	**Auswertung in der Gruppe**	**Bemerkungen/ unsere Ziele sind**
Ich fühle mich wohl in meiner Gruppe.						
Ich kann meine Meinung frei äußern.						
Ich höre den Anderen zu.						
Die Anderen hören mir zu.						
Wir klären Probleme miteinander.						
Arbeitsatmosphäre						
Wir haben die Aufgaben gemeinsam besprochen.						
Wir haben die Aufgaben gemeinsam gelöst.						
Wir sind alle gleichrangig an der Arbeit beteiligt.						

Reflexionsbogen 3 für die Gruppenarbeit

Name des Teams:____________________

Strukturiertes Vorgehen	++	+	– –	–	**Auswertung in der Gruppe**	**Bemerkungen**
Haben wir unsere Arbeitsplanung eingehalten?						
Haben wir uns die Zeit sinnvoll eingeteilt?						
Haben wir unser Gesamtziel erreicht?						
Hat unsere Rollenverteilung funktioniert?						
Arbeitsphase						
War unsere Lautstärke angemessen?						
War unser Umgangston freundlich?						
Haben wir uns auf Fehler hingewiesen ohne zu kränken?						
Waren alle beteiligt?						
Haben alle ungefähr gleichviel gearbeitet?						
Waren alle aufmerksam?						
Haben wir Arbeitsmittel sinnvoll genutzt?						
Haben wir jeweils das fachliche Stundenziel erreicht?						
Präsentation des Arbeitsergebnisses						
Ist unser Ergebnis (Folie, Plakat, o.ä.) gut gelungen?						
Ist die Präsentation unseres Ergebnisses gut gelungen?						

COPY

Beobachtungsbogen für Gruppenarbeitsphasen

Kriterien / Gruppenliste	Quantität der Beiträge	Interaktions (bereitschaft)	Aufmerk-samkeit ist	Arbeitet mit dem Taschen-rechner	Fertigt Mitschrift an	Greift auf Material zurück		Anmerkungen

Mögliche weiter Indikatoren/Kriterien: Lautstärke, ggf. Umgangston, Erreichen des Stundenziels,

Beobachtungsbogen für eine länger andauernde Gruppenarbeit
(Vorbereitung, Durchführung, Präsentation) Gruppe: ____________________

Strukturiertes Vorgehen		**Bemerkungen**	**Notizen**
Arbeitsplanung			
Gesamtes Zeitmanagement			
Erreichen des Gesamtziels			

Arbeitsphase	**Datum**	**Datum**	**Datum**	**Datum**	**Datum**	**Datum**	
Angemessene Lautstärke							
Angemessener Umgangston							
Allgemeine Aufmerksamkeit							
Beteiligung aller							
Vergleichbare Arbeitsanteile							
Verwendung von Arbeitsmitteln							
Erreichen des Stundenziels							

Produkt (Plakat o.ä.)		**Bemerkungen**	
Äußere Form			
Schrift			
Grafische Elemente			
Sprache			
Aufbau			
Verständlichkeit			
Vollständigkeit			

Präsentation	**Name**	**Name**	**Name**	**Name**	
Freies Sprechen					
Haltung					
Sprechtempo					
Sprechweise					
Wortwahl					
Fachliche Kenntnisse					
Verständlichkeit Sonstiges:					

COPY **Bewertungsraster Plakate**

Erstellt von: ____________________

Kriterien ↓	**Kompetenzstufe 1**	**Kompetenzstufe 2**	**Kompetenzstufe 3**	**Kompetenzstufe 4**
Überschrift	Vorhanden	Sauber gestaltet	Sauber und themenbezogen gestaltet	Mit besonderer Sorgfalt themenbezogen und kreativ gestaltet
Äußere Form	Akzeptabel	Überwiegend sauber und ordentlich	Sauber und ordentlich	Mit besonderer Sorgfalt
Layout/Gestaltung: **-Schrift**	Zum Teil nicht lesbar	Zum größeren Teil lesbar	Deutlich lesbar	Deutlich lesbar mit passender Schrift
-Text	Zu viel Text, lange Sätze	Teilweise zu viel Text, lange Sätze	Kurze, prägnante Textbausteine	Prägnante, themenbezogene Textbausteine
-Bilder, Grafiken	Zu wenig grafische Elemente	Ausreichend grafische Elemente	Grafische Elemente wirkungsvoll eingesetzt	Optimale Wirkung durch grafische Elemente
-Farbauswahl	Ungeschickt	Teilweise passend	Passend	Optimal
Sprache	Deutliche Fehler	Zum Teil Fehler	Kaum Fehler	Fehlerfrei
Aufbau	Wenig Strukturiert	Teilweise strukturiert durch Hervorhebungen	Gut strukturiert, Hervorhebungen vorhanden	Deutlich strukturiert
Mathematische Umsetzung des Themas	Deutliche Fehler	Zu einem größeren Teil fehlerfrei	Überwiegend fehlerfrei	Fehlerfrei
Informationsstand	Schlecht	Durchschnittlich	Gut	Sehr gut

COPY

Bewertungsraster Plakate

Erstellt von:

	Kompetenzstufe 1	Kompetenzstufe 2	Kompetenzstufe 3	Kompetenzstufe 4	Wert
Überschrift	Vorhanden	Vorhanden und sauber gestaltet.	Sauber sowie themenbezogen gestaltet.	Mit besonderer Sorgfalt themenbezogen und kreativ gestaltet.	
Äußere Form	Ausführung ist akzeptabel.	Ausführung ist überwiegend sauber und ordentlich.	Ausführung ist sauber und ordentlich.	Ausführung erfolgte mit besonderer Sorgfalt.	
Layout/Gestaltung					
-Schrift	Zum Teil nicht lesbar.	Zum größeren Teil lesbar.	Vollständig und deutlich lesbar.	Vollständig und deutlich lesbar mit passender Schriftwahl.	
-Text	Zu viel Text bzw. zu lange Sätze.	Teilweise zu viel Text bzw. zu lange Sätze.	Kurze und prägnante Textbausteine.	Kurze, prägnante sowie themenbezogene Textbausteine.	
-Bilder, Grafiken	Zu wenige grafische Elemente verwendet.	Ausreichend viele grafische Elemente verwendet.	Grafische Elemente gut eingesetzt.	Optimale Wirkung durch grafische Elemente erzielt.	
-Farbauswahl	Ungeschickte Farbauswahl.	Teilweise passende Farbauswahl.	Gelungene, zum Thema passende Farbauswahl.	Optimale Farbauswahl unter Beachtung von Kontrasten	
Sprache	Deutliche sprachliche Fehler.	Zum Teil sprachliche Fehler.	Kaum sprachliche Fehler.	Angemessene fehlerfreie Sprache.	
Aufbau	Wenig Struktur erkennbar.	Struktur teilweise erkennbar, Hervorhebungen zum Teil vorhanden.	Struktur gut erkennbar, Hervorhebungen vorhanden.	Deutlich erkennbare Struktur, klarer gedanklicher Aufbau.	
Kenntnis der Materie bezüglich des Themas	Fachliche Zusammenhänge sind zum Teil erkennbar.	Wichtige fachliche Zusammenhänge sind erkennbar.	Fachliche Zusammenhänge sind erkennbar und begründet.	Fachliche Zusammenhänge sind klar erkennbar und fundiert begründet.	
Mathematische Umsetzung des Themas	Mehrere Fehler vorhanden.	Thema zu einem größeren Teil fehlerfrei umgesetzt.	Thema überwiegend fehlerfrei umgesetzt.	Thema fehlerfrei umgesetzt.	
Umfang/Inhalt	Ungeschicktes Verhältnis von Inhalt und Umfang.	Nicht immer angemessenes Verhältnis von Inhalt und Umfang.	Angemessenes Verhältnis von Inhalt und Umfang.	Über die Erwartungen hinausgehende Umsetzung von Inhalt und Umfang.	
Stufe der inhaltlich/ mathematischen Umsetzung	Reproduktion	Reproduktion und teilweise Reorganisation	Reorganisation	Transfer	

Bewertungsraster PPP

Erstellt von:

Thema:

Kriterien	Kompetenzstufe 1	Kompetenzstufe 2	Kompetenzstufe 3	Kompetenzstufe 4
Überschrift	Vorhanden	Sauber gestaltet	Sauber und themenbezogen gestaltet	Mit besonderer Sorgfalt themenbezogen und kreativ gestaltet
Äußere Form	Akzeptabel	Überwiegend sauber und ordentlich	Sauber und ordentlich	Mit besonderer Sorgfalt erstellt
Layout/Gestaltung -Schrift	Zum Teil nicht lesbar	Zum größeren Teil lesbar	Lesbar	Deutlich lesbar
-Text	Zu viel Text, lange Sätze	Teilweise zu viel Text, lange Sätze	Kurze Textbausteine	Prägnante, themenbezogene Text-bausteine
-Bilder, Grafiken	Zu wenig grafische Elemente	Ausreichend grafische Elemente	Grafische Elemente wirkungsvoll eingesetzt	Optimale Wirkung durch grafische Elemente
-Farbauswahl	Ungeschickt	Teilweise passend	Passend	Optimal
-Hintergrunddesign	Kaum gestaltet	Gestaltet	Design wirkungsvoll eingesetzt	Optimale Wirkung erzielt
Sprache	Deutliche Fehler	Zum Teil Fehler	Kaum Fehler	Fehlerfrei
Aufbau	Wenig Strukturiert	Teilweise strukturiert durch Hervorhebungen	Gut strukturiert, Hervorhebungen vorhanden	Deutlich strukturiert mit Hervorhebungen
Umsetzung des Themas	Deutliche Fehler	Zu einem größeren Teil fehlerfrei	Überwiegend fehlerfrei	Fehlerfrei
Informationsstand	Schlecht	Durchschnittlich	Gut	Sehr gut

COPY

Bewertungsraster PPP

Erstellt von:

	Kompetenzstufe 1	**Kompetenzstufe 2**	**Kompetenzstufe 3**	**Kompetenzstufe 4**	**Wert**
Titelfolie	Vorhanden	Vorhanden und sauber gestaltet.	Sauber sowie themenbezogen gestaltet.	Mit besonderer Sorgfalt themenbezogen und kreativ gestaltet.	
Äußere Form	Ausführung ist akzeptabel.	Ausführung ist überwiegend sauber und ordentlich.	Ausführung ist sauber und ordentlich.	Ausführung erfolgte mit besonderer Sorgfalt.	
Layout/Gestaltung -*Schrift*	Zum Teil nicht lesbar.	Zum größeren Teil lesbar.	Vollständig und deutlich lesbar.	Vollständig und deutlich lesbar mit passender Schriftwahl.	
-*Text*	Zuviel Text bzw. zu lange Sätze.	Teilweise zu viel Text bzw. zu lange Sätze.	Kurze und prägnante Textbausteine.	Kurze, prägnante sowie themenbezogene Textbausteine.	
-*Bilder, Grafiken*	Zu wenige grafische Elemente verwendet.	Ausreichend viele grafische Elemente verwendet.	Grafische Elemente gut eingesetzt.	Optimale Wirkung durch grafische Elemente erzielt.	
-*Farbauswahl*	Ungeschickte Farbauswahl.	Teilweise passende Farbauswahl.	Gelungene, zum Thema passende Farbauswahl.	Optimale Farbauswahl unter Beachtung von Kontrasten	
Hintergrunddesign	Hintergrund kaum gestaltet	Hintergrund gestaltet	Hintergrunddesign wirkingsvoll eingesetzt	Optimale Wirkung durch Hintergrunddesign erzielt	
Sprache	Deutliche sprachliche Fehler.	Zum Teil sprachliche Fehler.	Kaum sprachliche Fehler.	Angemessene fehlerfreie Sprache.	
Aufbau	Wenig Struktur erkennbar.	Struktur teilweise erkennbar, Hervorhebungen zum Teil vorhanden.	Struktur gut erkennbar, Hervorhebungen vorhanden.	Deutlich erkennbare Struktur, klarer gedanklicher Aufbau.	
Kenntnis der Materie bezüglich des Themas	Fachliche Zusammenhänge sind zum Teil erkennbar.	Wichtige fachliche Zusammenhänge sind erkennbar.	Fachliche Zusammenhänge sind erkennbar und begründet.	Fachliche Zusammenhänge sind klar erkennbar und fundiert begründet.	
Mathematische Umsetzung des Themas	Mehrere Fehler vorhanden.	Thema zu einem größeren Teil fehlerfrei umgesetzt.	Thema überwiegend fehlerfrei umgesetzt.	Thema fehlerfrei umgesetzt.	
Umfang/Inhalt	Ungeschicktes Verhältnis von Inhalt und Umfang.	Nicht immer angemessenes Verhältnis von Inhalt und Umfang.	Angemessenes Verhältnis von Inhalt und Umfang.	Über die Erwartungen hinausgehende Umsetzung von Inhalt und Umfang.	
Stufe der inhaltlich/ mathematischen Umsetzung	Reproduktion	Reproduktion und teilweise Reorganisation	Reorganisation	Transfer	

COPY

Bewertungsraster Präsentationen

	Kompetenzstufe / Kriterien	Kompetenzstufe 1	Kompetenzstufe 2	Kompetenzstufe 3	Kompetenzstufe 4
Auftreten	**freies Sprechen**	wirkt sehr unsicher, schaut auf seine Zettel	etwas unsicher ab und zu Blickkontakt	Blickkontakt meist gehalten kurz auf Stichpunkte geblickt	Blickkontakt gehalten freies Sprechen
	Gestik und Mimik	keine Gestik oder Mimik	kaum Gestik oder Mimik	Gestik und Mimik eingesetzt	gut mit Gestik und Mimik gearbeitet
	Körperhaltung,	Körperhaltung unsicher und verkrampft	Körperhaltung teilweise unsicher und verkrampft	angemessene Körperhaltung	Zuhörern zugewandte, gute Köperhaltung
Sprache	**Sprechtempo**	zu schnell oder zu langsam	teilweise zu schnell oder zu langsam	mittleres Tempo dem man gut folgen kann	sehr dynamisch gesprochen und bewusst Pausen gesetzt
	Sprechweise	zu eintönig, zu leise und zu monoton	mehr auf die Betonung achten und lauter sprechen	stets laut genug, wichtige Stellen entsprechend betont	wirkungsvolle Betonung und gezieltes lauter/ leiser Sprechen
	Wortwahl	verzichtet auf Fachsprache, Fremdwörter nicht erklärt, umgangssprachlich formuliert	Fachsprache noch gezielter einsetzen	guter Ausdruck, Fachsprache angemessen angewendet	durchweg souveräner ausgedrückt, beherrscht die Fachsprache
Inhalt	**Kenntnis des Themas**	wirkt gar nicht informiert	teilweise gute Wortwahl wirkt nicht gut informiert	wirkt gut informiert	wirkt sehr gut informiert und sicher
	Verständlichkeit beim Vorstellen des Themas	teilweise verständlich	wichtigste Aspekte erkennbar und verständlich	fast alle inhaltlichen Aspekte verständlich	alle inhaltlichen Aspekte verständlich
Anzahl der gegebenen Kreuze pro Spalte ⇨					

COPY

Bewertungsraster Präsentationen

	Kompetenzstufe / Kriterien	Kompetenzstufe 1	Kompetenzstufe 2	Kompetenzstufe 3	Kompetenzstufe 4
Auftreten	freies Sprechen				
	Gestik und Mimik				
	Körperhaltung,				
Sprache	Sprechtempo				
	Sprechweise				
	Wortwahl				
Inhalt	Kenntnis des Themas				
	Verständlichkeit beim Vorstellen des Themas				
Anzahl der gegebenen Kreuze pro Spalte ⇨					

COPY

Bewertungsbogen für Arbeitsergebnisse

Kriterien	Kompetenzstufe 1	Kompetenzstufe 2	Kompetenzstufe 3	Kompetenzstufe 4
	Inhaltliche Bearbeitung des Themas			
Richtigkeit	Das Arbeitsergebnis ist z.T. inhaltlich falsch.	Das Arbeitsergebnis ist zu einem größeren Teil inhaltlich richtig und nachvollziehbar.	Das Arbeitsergebnis ist alles in allem inhaltlich richtig und nachvollziehbar.	Das Arbeitsergebnis ist sehr gut, in jeder Hinsicht inhaltlich treffend und nachvollziehbar.
Vollständigkeit	Das Thema wurde nur lückenhaft bearbeitet.	Das Thema wurde zu einem größeren Teil in ausreichender Weise bearbeitet.	Das Thema wurde alles in allem vollständig bearbeitet.	Das Thema wurde umfangreich und detailliert bearbeitet.
Anforderungsniveau	Die Bearbeitung des vorliegenden Materials erfolgte rein reproduktiv, zu unselbstständig und ohne eigene Gedanken bzw. selbstständiger Auswertung.	Die Bearbeitung des vorliegenden Materials erfolgte eher reproduktiv und die Ergebnisse sind nicht reorganisiert bzw. analytisch oder tiefgehend genug.	Das vorliegende Material wurde sinnvoll reorganisiert bzw. analysiert.	Das vorliegende Material wurde in besonders vorbildlicher Weise analysiert und Zusammenhänge aufgezeigt (Transfer).
	Grafische Aufbereitung des Themas			
Layout	Das Layout, d.h. die Lesbarkeit, die Farben und die Größe der Schrift ist optisch wenig ansprechend.	Schriftbild, farbliche Gestaltung sowie grafische Elemente sind nur teilweise passend gewählt und in einigen Punkten noch verbesserungswürdig.	Schriftbild, farbliche Gestaltung sowie grafische Elemente sind klar und sinnvoll eingesetzt.	Durch den zielgerichteten Einsatz von Schriftbild, farblicher Gestaltung und grafischen Elementen wird eine optimale Wirkung erzielt.
Aufbau	Fakten werden lediglich aufgezählt, es ist jedoch nur wenig Struktur erkennbar.	Die Struktur ist teilweise unübersichtlich und wichtiges wird nur z. T. hervorgehoben.	Die Struktur ist gut gelungen, Wichtiges und Übergeordnetes ist klar hervorgehoben.	Die Struktur ist klar und deutlich und sachlogisch sinnvoll. Logische Bezüge werden klar herausgestellt.
Sprachliche Gestaltung	Die verwendeten Formulierungen sind oft fehlerhaft.	Die verwendeten Formulierungen sind teilweise fehlerhaft und zum Teil zu umgangssprachlich.	Die verwendeten Formulierungen sind sprachlich richtig und stilistisch angemessen.	Die verwendeten Formulierungen sind souverän, wirkungsvoll eingesetzt und fachsprachlich präzise.

Lösungsvorschläge

6.

Aufgabentext zur Übung KOKA „Fahrradpanne" von S. 11 f.

Auf seinem Weg zurück nach Hause hat Philip eine Fahrradpanne. Die Panne hat er 12 km von zu Hause entfernt. Phillip will sein Rad nicht bis nach Hause schieben und ruft per Handy zu Hause an. Er bittet seinen Vater um Hilfe. Dieser fährt ihm sofort mit dem Auto entgegen. Philipp geht mit einer Geschwindigkeit von 85 m pro Minute seinem Vater entgegen. Der Vater fährt mit einer Geschwindigkeit von 1300 m pro Minute.

Phillip macht mit seinem neuen Fahrrad eine Tour in den Ferien.

a) Wie lange dauert es, bis Phillip und sein Vater sich treffen?

b) Welchen Anteil des Weges in % ist Philipp dem Vater entgegen gegangen?

c) Bestätigt, dass der Vater mit einer Geschwindigkeit von 78 km/h gefahren ist.

Lösung:

a) $85\,x + 1300\,x = 12000$

$1385\,x = 12000$

$x \approx 9{,}34$

Sie sind 9,34 Minuten unterwegs.

b) 12000 m entspricht 100%, dann entsprechen 794 m etwa 6,6%.

c) 1300 m in 1 Minute

7800 m in 60 Minuten, das sind 78 km pro Stunde.

Aufgabentext zur Übung KOKA „Gotthard" von S. 15 f.

Der neue Gotthard-Tunnel ist ein Jahrhundert-Projekt. Der neue Gotthard-Tunnel ist das Herzstück einer Bahnstrecke durch die Alpen. Die Inbetriebnahme ist 2017 geplant. Die Züge werden dann mit einer Geschwindigkeit von bis zu 250 km/h durch den Tunnel fahren. Für das gesamte Projekt müssen etwa 30 Milliarden Franken aufgebracht werden. Mit dem 57 km langen Gotthard-Basistunnel entsteht zwischen Erstfeld und Bodio der längste Eisenbahntunnel der Welt.

Der Gotthard-Basistunnel besteht aus zwei einspurigen Röhren. Die beiden Röhren des Gotthard-Tunnels liegen etwa 40 m auseinander. Die beiden Tunnelröhren haben einen Innen-Durchmesser von etwa 9 m. Auf der Strecke gibt es insgesamt 178 Querschläge. Die Querschläge haben einen Innen-Durchmesser von 4,25 m, sie dienen zum Beispiel als Sicherheitsbereich bei Gefahr. Sofort nach dem Bohren der Tunnelröhre wird eine 30 cm dicke Innenschale aus Beton gegossen, um die Stabilität zu gewährleisten. Eine hochmoderne Tunnelbohranlage kann es schaffen, sich je nach Gelände am Tag durch bis zu 40 m Gestein zu bohren.

Kann die angegebene Anzahl der Querschläge stimmen?

Wie viel m^3 Fels müssen für einen Querschlag durchbohrt werden?

Wie viel Beton wird an einem Tag maximal benötigt?

Lösung:

57 000 m : 325 m = 175,3

Die Anzahl der Querschläge kann stimmen.

$(2{,}1252 \cdot \pi) \cdot 40 \approx 567{,}5$

Da der Außendurchmesser noch größer ist, müssen mehr als 567,5 m^3 Fels für einen Querschlag entfernt werden.

$9\,m + 2 \cdot 0{,}3\,m = 9{,}6\,m$

$\pi \cdot 4{,}8^2 - \pi \cdot 4{,}5^2 \approx 8{,}765$

$8{,}765 \cdot 40 \approx 350{,}6$

Es müssen maximal 350,6 m^3 Beton am Tag bereit gestellt werden.

Aufgabentext zur Übung KOKA „Container" von S. 17 f.

Ein großes, modernes Containerschiff wie die „Emma Maersk" soll bis zu 20 000 20- Fuß -Container transportieren können. Ein großes Containerschiff kostet etwa 90 Millionen Euro. Es hat nur noch 13 Mann Besatzung.

Die „Emma Maersk" ist 397 m lang und 56,4 m breit. Das Schiff besitzt einen Antrieb mit 110 000 PS.

Ein 20- Fuß -Container hat ein maximales Gesamtgewicht von 24000 kg. Ein 20- Fuß-Container ist 2,438 breit, 6,058 m lang und 2,591 m hoch. Ein 20- Fuß-Container hat ein Leergewicht von 2 250 kg. Seine maximale Zuladung beträgt 21 750 kg.

11 Lagen Container übereinander können auf dem Deck verladen werden. 9 Lagen Container übereinander können unter Deck verladen werden. Das Verladen eines Containers mit Hilfe eines Krans dauert ungefähr 2,5 Minuten.

Kann die „Emma Maersk" tatsächlich 20 000 Container laden?

Welche Innenmaße könnte ein solcher Container haben, wenn er ein Volumen von ca. 33 m^3 hat.

Wie lange dauert das Verladen von 20 000 Containern, wenn ein Kran eingesetzt wird?

Wie lange würde das Verladen dauern, wenn vier Kräne eingesetzt würden?

Wie groß ist das Maximal-Gewicht aller geladenen Container zusammen?

Lösung:

Bei einer Lücke von einem halben Meter zwischen den Containern können ca. 60 hintereinander und ca. 20 nebeneinander aufgestellt werden. Da das Schiff vorne schmaler wird müssen hier noch Abzüge vorgenommen werden. Dazu kommt das im Innenraum des Schiffes noch einmal weniger Container verladen werden können. Insgesamt können die Schülerinnen und Schüler sich so einer Gesamtsumme von etwas mehr als 20 000 Containern annähern.

Die Innenmaße sollen näherungsweise berechnet werden, die Multiplikation der Außenmaße ergibt 38 m^3. Mit Hilfe dieser Rechnung können Vermutungen aufgestellt werden. Dabei können alle Maße gleichmäßig reduziert werden. (In der Wirklichkeit ist dies allerdings nicht der Fall.)

Ein Kran benötigt 50 000 min ≈ 833 h.

Vier Kräne beladen häufig gemeinsam ein Containerschiff, diese benötigen dann 208 h.

Maximales Gesamtgewicht Container: 20 000 x (2 250 kg + 21750 kg) = 480 000 000 kg

Aufgabentext zur Übung KOKA „Klassenfahrt" von S. 19 f.

Die Klasse 5d macht im Herbst eine Klassenfahrt nach Cappenberg. Die Fahrt beginnt am Montag und endet am Freitag. Die Klasse 5d hat 28 Schüler, darunter sind 11 Mädchen. In der Jugendherberge stehen Zimmer mit 4, mit 6 und mit 8 Betten zur Verfügung. Wie kann die Zimmerverteilung auf dem Jungen- bzw. Mädchenflur aussehen, wenn in belegten Zimmern möglichst wenig Betten leer bleiben sollen? Gebt mindestens 2 verschiedene mögliche Zimmerverteilungen an.

Die Fahrt nach Cappenberg findet mit dem Bus statt und dauert 40 Minuten. Die Busfahrt kostet 224 €. Unterkunft, Verpflegung und Programm kosten insgesamt 4788 €. Für Bastelmaterial setzt der Lehrer pro Schüler 3 € an.

Die Klasse nimmt an einem Programm teil. Das gebuchte Programm heißt „Abenteuer Team". Wie teuer ist das gebuchte Programm, wenn der Vollpensionspreis in der Jugendherberge 29,80 € beträgt? Wie viel muss jeder Schüler insgesamt bezahlen?

Der Lehrer überlegt eventuell das preiswertere Sozialkompetenztraining „Fair Play" zu buchen. Beim „Fair Play" Training könnten insgesamt 140 € eingespart werden. Wie soll der Lehrer entscheiden?

Lösung:

Zimmerverteilung Mädchen z. B. 4/4/4 oder 6/6, bei den Jungen z. B. 6/6/6 oder 8/8/4

Gesamtkosten:

224 € + 4788 € + 3 € x 28 = 5096 €

5096 € : 28 = 182 € (für jedes Kind)

Gebuchtes Programm kostet 1450,40 €.

Beim Fair Play Programm können 5 € pro Kind eingespart werden.

Aufgabentext zur Übung KOKA „Tatort" von S. 22 f.

Kurz vor Mitternacht wird der leblose Körper des stadtbekannten Drogendealers Uwe Westerholt gefunden. Die Leiche wird in der Nähe einer bekannten Diskothek gefunden. Kommissar Thiele trifft schnell mit dem Fahrrad am Tatort ein und versucht umgehend zu klären, wer als Täter in Frage kommt.

Der erste Verdacht fällt auf Tim O., einen drogenabhängigen Angestellten der Diskothek. Tim O. gibt bei seiner Vernehmung an, bis 23 Uhr in der Diskothek gearbeitet zu haben und dann bis nach Mitternacht in einer Kneipe in der Nähe der Diskothek gewesen zu sein. Tim O. wurde bis 23 Uhr von mehreren Zeugen in der Diskothek gesehen.

Der letzte Anruf auf dem Handy des Opfers erfolgte um 22.50 h. Laut Anzeige wurde die Nummer von Tim O. gewählt. Tim O. wird von Kommissar Thiel noch am Tatort verhört und anschließend sofort in Polizeigewahrsam genommen.

Der herbeigerufene Gerichtsmediziner Professor Boerner kann nur noch den Tod von Uwe Westerholt feststellen. Der Gerichtsmediziner misst am Tatort um Mitternacht die Körpertemperatur der Leiche zum ersten Mal, sie beträgt 29,4° C. Gerichtsmediziner gehen bei ihren Berechnungen davon aus, dass die Körpertemperatur des Opfers zum Zeitpunkt seines Ablebens 37° C beträgt.. Professor Boerner misst die Körpertemperatur der Leiche am Tatort zum Ende der Ermittlungen noch einmal. Während der Ermittlungen sinkt die Körpertemperatur des Opfers um 6,1° C.

Die Abnahme der Körpertemperatur eines Toten verläuft exponentiell. Der Gerichtsmediziner verspricht den genauen Todeszeitpunkt umgehend zu bestimmen.

In dieser milden Sommernacht sorgt der lang nachwirkende Sonnenschein für nächtliche Temperaturen von etwa 20° C.

Nehmt begründet Stellung zu der Frage: Kommt der verdächtige Tim O. tatsächlich als Täter in Frage?

Lösung:

Exponentielle Funktion:

$f(x) = a \cdot b^x$

$29{,}4° = 37° \cdot b^x$

$23{,}3° = 37° \cdot b^x+2$

das führt zu $x = 1{,}97\ldots$ bzw. $b = 0{,}89\ldots$

Also ist Uwe W. bereits seit ca. 22 Uhr tot, zu diesem Zeitpunkt hat Tim O. ein Alibi.

Lösung Kegelaufgabe S. 47:

Ein anderer meinte, dass ein anderer Kegel das größte Volumen hat, weil das Verhältnis zwischen der Höhe und der Grundfläche optimal ist. Und noch einer meinte es wäre der Kegel zwischen den beiden anderen.

Das Feststellen des Kegels mit dem größten Volumen würde nur durch das Einfüllen von Sand gelingen.

Unser Experiment begann dadurch, dass wir 3 kleinere Kegel mit den 3 verschiedenen Formen mit Konfetti füllten. Es zeigte uns, dass der Kegel mit dem größten Durchmesser (Radius) das meiste Konfetti hatte. So stellten wir unsere Formel auf, dass der mit dem größten Durchmesser das größte Volumen hat.

Lösungen Cheops-Pyramide S.49:

A) $115{,}2^2 + 146.42 = hs^2$

$186{,}45 = h_s$

B) $d = 325{,}83$

$162{,}92^2 + 146{,}6^2 = s^2$

$219{,}17 = s$

Lösungen LTD Bruchzahlen S. 69:

Kürze soweit wie möglich: $\frac{78}{48} = \frac{13}{8}$	Kürze mit 25: $\frac{125}{750} = \frac{5}{30}$	Erweitere mit 21: $\frac{3}{7} = \frac{63}{147}$	Erweitere auf den Nenner 100 $\frac{11}{5} = \frac{220}{100}$
Überprüfe: $\frac{75}{15} = 5?$ Richtig	Größer oder kleiner? $\frac{4}{3} < \frac{6}{2}$	Größer oder kleiner? $\frac{7}{11} > \frac{1}{3}$	Größer oder kleiner? $\frac{9}{5} > \frac{7}{4}$
Wie heißt die blau dargestellte Bruchzahl? $\frac{5}{8}$	Wie heißt die blau dargestellte Bruchzahl? $\frac{3}{8}$	Zeichne die Bruchzahl ein: $\frac{5}{12} = \frac{20}{48}$	Markiere $\frac{2}{3}$ auf dem Zahlenstrahl.

Lösungen LTD Prozent S. 70:

1) 10 Minuten
2) 50 %
3) 100%
4) 9,90 €
5) 75%
6) 90 Minuten
7) 13,50 €

Lösungen LTD Proportionale Zuordnungen 1 S. 71:

1)

Zeit in h	3	9	1,5	4,5
Weg in km	12	36	6	18

2)

Menge	5	20	40	45
Preis in Euro	7	28	56	63

3)

?	1	2	3	?
Gewicht in g	250	500	750	

Lösungen LTD Integrale S. 73:

a) $A = \int_{-2}^{-1} (x^2 - 1)\,dx - \int_{-1}^{0} (x^2 - 1)\,dx$

$= \left[\frac{1}{3}x^3 - x\right]_{-2}^{-1} - \left[\frac{1}{3}x^3 - x\right]_{-1}^{0} = 2$

b) Nullstellen: $x = \frac{1}{2}$

$A = -\int_{\frac{1}{2}}^{2} \left(\frac{1}{x} - 2\right) dx = -\left[\ln|x| - 2x\right]_{\frac{1}{2}}^{2}$

$= -2\ln(2) + 3 \approx 1{,}61$

c) Berechnet werden soll die zwischen den Graphen von $f(x) = -x^2 + 1$ und $g(x) = -3$ eingeschlossene Fläche über dem Intervall $[0;2]$.

$A = \int_{0}^{2} [(-x^2 + 1) - (-3)]\,dx = \int_{0}^{2} (-x^2 + 4)\,dx$

$= \left[-\frac{1}{3}x^3 + 4x\right]_{0}^{2} = \frac{16}{3}$

d) $A = -\int_{0}^{1} (e^{x-1} - 1)\,dx + \int_{1}^{2} (e^{x-1} - 1)\,dx$

$= -[e^{x-1} - x]_{0}^{1} + [e^{x-1} - x]_{1}^{2}$

$= e^{-1} + e - 2 \approx 1{,}09$

Lösungen Partnerpuzzle S.96:

A) Der Ammersee hat ca. 47 km^2 Flächeninhalt.

B) Die Insel Fehmarn hat eine Größe von etwa 185 km^2.

Stichwortregister (Index)

Arbeitsaufträge 46
- arbeitsgleich 44, 53
- arbeitsteilig 44, 48, 53, 65

Aufgaben
- öffnen 14, 47
- variieren 14

Augenpartner 44, 92
Austauschen 43 - 47
Basiselemente 10ff
Basisgruppen 31, 35, 54, 97
Beobachter 26, 29, 78

Beobachtungsbogen
-Gruppenarbeitsphasen 119, 120, 142
-länger dauernde Gruppenarbeit 120, 143

Bewertungsbogen/-raster
-Arbeitsergebnisse 121, 150
-Plakate 121, 131, 132, 144, 145
-PPT 121, 146, 147
-Präsentation 121, 148, 149
-Verhalten im Team 117, 118, 136

Bewertungskonzeption 133
Bewertungssituationen 115
Binnendifferenzierung 14, 45, 54, 62, 63, 98
Binomialverteilung 48, 50
Bruchzahlen 66, 69, 104, 109, 155
Concept Map 102, 106, 107
Denken 43 - 47
Dezimalzahlen 80, 84, 85, 106, 109
Differenzierung 14, 45, 54, 62, 63, 98
Dreieck 99, 100, 101
Doppelkreis 54
Doppelter Boden 56, 92
Einzelarbeit 43 - 47
Ergebnisbogen Gruppenturnier 89
Ermutiger 26, 29
Evaluation 39, 46
Expertenarbeit 24, 25, 64
Expertengruppe 96
Face-to-Face- Interaction 31
Farbgruppen 31, 36, 77
Flächenberechnung 98, 156
Fläche/Integral 66, 73, 156

Funktionen
- -exponentielle 14 , 21, 22, 153f
- -ganz- rational 66, 73, 81, 88
- -lineare 80, 86, 87
- -quadratische 106, 110

Gleichungen
- -lineare 80, 86, 87
- -quadratische 57, 60

Größen 80, 82, 83
Grundprinzip des Kooperativen Lernens 43ff
Gruppen-Krafttier 33, 34
Gruppengröße 31
Gruppenpuzzle 46, 96 - 101
Gruppenturnier 27, 46, 76 - 91
Helfersystem 31, 35
Individuelle Verantwortung 10, 23, 24, 25, 76
Joker 26, 30, 124
Kegel 47, 154
Kompetenzen
- -fachlich 37, 113
- -methodisch 37, 59, 113
- -personal 37, 59, 113, 117
- -sozial 10, 26, 27, 36, 37, 38, 45, 52, 113, 116, 117

Kooperative Karten 11, 13, 23, 27, 36, 39, 40, 41, 42, 104
Kongruenz 98, 100, 101
Kriterienraster 116ff
Kurvendiskussion 81, 88
Lautstärkewächter 26, 27, 28
Lernen durch Lehren 24, 35, 52, 76, 96
Lernbegriff 37, 113
Lernpartner 35
Lerntempoduett 46, 62 -75
Masse 17, 18, 56, 58
Materialmanager 26, 27, 28
Matrizen 106, 112
Nummernkarten 75
Oberfläche 47
Partner-Check 55, 56, 58, 59
Partner-Interview 56, 57, 60, 61
Partnerarbeit 46, 52ff, 119
Partnerpuzzle 46, 92 - 95, 156
Plakat 120, 121, 131, 132
Positive Abhängigkeit 10, 23, 25, 35, 36
Präsentation 24, 45, 115, 121, 133
Präsentator 26, 30, 45
Proportionale Zuordnungen 63, 65, 66, 71, 72, 156
Prozent 66, 70, 155
Prozessmanager 26, 29

Pyramide	48, 49, 93, 131, 155
Pythagoras	48, 57
Quader	17, 18, 152
Rationale Zahlen	56, 59
Reflexion	10, 23, 39, 40, 41, 42, 45, 46, 63, 78, 98, 113ff
Reflexionsbogen	
-Einzelarbeit	116, 134
-Gruppenarbeit 1	119, 138, 139
-Gruppenarbeit 2	119, 140
-Gruppenarbeit 3	119, 141
-Gruppenturnier	90
-Kooperative Karten	41, 42
-Partnerarbeit	59, 63, 129, 137
-Partnerpuzzle	93, 95
-Verhalten im Team	117, 135
Reflexives Schreiben	123, 127ff
Regelbeobachter	26, 27, 28
Regeln	13, 23, 24, 27, 59, 108
Rollen	23 - 27, 37, 38, 45, 77, 79
Rollenkarten	26, 28 - 30
Schriftführer	26, 29
Schulterpartner	44, 49, 58, 93
Sicherung	43, 46, 56, 63, 97
Sitzordnung	23, 31, 32
Sortieraufgabe	102 - 105
Soziale Kompetenzen	10, 26, 27, 36, 37, 38, 45, 52, 113, 116, 117
Sozialmanger	26, 30
Speed Dating	55
Spion	26, 30
Stammgruppen	35, 96, 97, 98
Struktur-Lege-Techniken	46, 102 - 112
Strukturnetz	104, 108 - 112
Tandembogen	55, 56, 57
Teambildung	23, 31, 33, 34, 36
Teamidentität	25, 27, 31, 33, 34
Trigonometrie	66, 67
Unterstützende Interaktion	10, 23, 31
Unterstützungssystem	31, 35, 36, 53
Verabredungen	54, 61
Vier – Ecken – Gespräch	98
40 Punkte Regelung	123 - 127
Volumen	17, 18, 47, 152
Vorstellen	43 - 47
Wahrscheinlichkeit	106, 110
Zeit-Manager	26, 27, 28, 77
Zufallspräsentation	24, 45
Zufallsprinzip	23, 24, 45
Zylinder	15, 16, 151f

8. Literaturhinweise

Brüning, Ludger und Saum, Tobias: Erfolgreich unterrichten durch Kooperatives Lernen, Essen 2006

Brüning, Ludger und Saum, Tobias:, Erfolgreich unterrichten durch Kooperatives Lernen Band 2, Essen 2009,

Brüning, Ludger und Saum, Tobias: Erfolgreich unterrichten durch Visualisieren, Essen 2007

Norm Green, Kathy Green: Kooperatives Lernen im Klassenraum und im Kollegium. Seelze 2005.

Johnson, D.W., Johnson, R.T.: The new Circles of Learning. Cooperation in the Classroom and School. Alexandria/ VA 1994

Johnson, Johnson, Holubec: Kooperatives Lernen, Kooperative Schule 1993

Johnson, David W./Johnson, Roger T.: Learning Together and Alone: Cooperative, Competitive, and Individualistic Learning. 5. Auflage Boston 1999

Spitzer, Manfred: Lernen, Gehirnforschung und die Schule des Lebens, Heidelberg 2002

Weidner, Margit.: Kooperatives Lernen im Unterricht. Das Arbeitsbuch. Seelze 2003

Wellenreuther, Martin: Lehren und Lernen – aber wie? Empirisch-experimentelle Forschungen zum Lehren und Lernen im Unterricht, Baltmannsweiler, 5.Auflage